岭南野生果树资源

主编　马崇坚　姜波

东北林业大学出版社
Northeast Forestry University Press

·哈尔滨·

图书在版编目（CIP）数据

岭南野生果树资源 / 马崇坚，姜波主编 . — 哈尔滨：
东北林业大学出版社，2022.11
ISBN 978-7-5674-2948-2

Ⅰ . ①岭… Ⅱ . ①马… ②姜… Ⅲ . ①野生果树 – 植
物资源 – 研究 – 中国 Ⅳ . ① S66

中国版本图书馆 CIP 数据核字 (2022) 第 217933 号

责任编辑：彭　宇
封面设计：优盛文化
出版发行：东北林业大学出版社
　　　　　（哈尔滨市香坊区哈平六道街 6 号　邮编：150040）
印　　装：三河市华晨印务有限公司
开　　本：787 mm × 1092 mm　1/16
印　　张：15.5
字　　数：246 千字
版　　次：2022 年 11 月第 1 版
印　　次：2022 年 11 月第 1 次印刷
书　　号：ISBN 978-7-5674-2948-2
定　　价：98.00 元

如发现印装质量问题，请与出版社联系调换。（电话：0451-82113296　82191620）

内容简介

　　本书简要介绍了岭南自然概况，岭南植物资源概况，岭南野生果树资源基本情况、主要营养成分、开发利用现状以及开发利用问题与对策，并以较详尽的文字和丰富的物种对应图片重点介绍了岭南地区的重要野生果树资源，对岭南地区的 40 科 79 属 149 种野生果树的分类、中文名、拉丁名、形态特征、分布、资源开发与利用现状等内容进行了详细的介绍。

　　本书对岭南地区果树资源的系统研究与开发利用具有一定的参考价值。可供果树、食品加工、植物资源保护与利用等专业师生、科研人员、农技工作者及相关管理部门的工作人员、生产企业的从业人员等参考使用。

《岭南野生果树资源》

编委会

主　编　马崇坚　姜波

副主编　杨元秀　张宇鹏　刘发光

编　者（以姓氏笔画为序）

马丽霞（韶关学院）

马崇坚（韶关学院）

刘日斌（韶关学院）

刘发光（韶关学院）

巫宝花（韶关市农业科技推广中心）

李冬琳（韶关学院）

李春霞（韶关学院）

李俊（韶关学院）

杨元秀（乐昌市农业技术推广总站）

张宇鹏（韶关学院）

张艳珍（仁化县农业农村发展服务中心）

易科（韶关学院）

罗伟雄（韶关市农业科技推广中心）

周宪林（乳源瑶族自治县大桥镇公共服务中心）

姜波（广东省农业科学院果树研究所）

原远（韶关学院）

高琳（韶关学院）

蒋园园（韶关学院）

韩伟（韶关学院）

主　审　陈红锋（中国科学院华南植物园）

　　岭南，是我国南方五岭以南地区的概称，以五岭为界与内陆相隔。岭南具有典型的季风气候，山地丘陵地貌结合众多的河流以及高温多雨的气候，形成了茂盛的森林植被，植物资源极度丰富。

　　岭南地区特殊的气候与水文地质同样滋养出大量的野生果树资源，林间四季花开不断，果实终年不绝。庞大的野生果树资源、丰富的遗传多样性、特异的营养价值与风味等优势，是果树产业、农产品加工业以及乡村振兴自然资源立体型可持续发展的宝贵财富。然而，目前针对岭南地区野生果树资源的系统调查、研究和报道仍较缺乏，对果树资源的种类、分布以及利用现状等的调查与整理工作仍不够系统、全面，对特色野生果树资源的性状评价还较滞后，导致综合利用程度较低，资源浪费现象较严重。因此，对岭南地区野生果树资源的系统调查、收集、评价与利用，必将为区域特色果树资源的保护与开发利用提供有力保障。

　　众所周知，果树种质资源对科研和生产均起着极其重要的基础性作用，优良砧木的选育、优质高抗育种以及专用性育种的种质基础对野生果树种质资源提出了巨大的需求。基于对岭南地区野生果树资源巨大宝库的向往，编者多年来持续活跃在岭南山间林下，进行了细致调查，并拍摄了大量的野生果树照片，经过多年的整理和鉴定，最终根据调查成果编撰成此书。

　　《岭南野生果树资源》收录了岭南地区野生果树资源共 40 科 79 属 149 种（包括种下等级），每种果树资源均规范标注其拉丁学名，并介绍其形态特征、分布及资源开发与利用现状等内容，部分种附有野外拍摄的照片。

　　期望本书的出版，有利于推动岭南野生果树种质资源保护、共享和可持续利用，有助于新品种的选育和推广，为岭南地区特色果树种质的创新和栽培推广乃至特色野生水果产业的可持续发展发挥应有的作用。

本书从野外调查、照片拍摄到整理鉴定，直至资料的整理和编写工作经历数载，倾注了编者的大量心血。本书在编撰过程中还参考了很多前人的工作，引用了诸多文献、期刊、杂志以及报道，在此表示衷心感谢！

由于编者水平所限，疏漏与不足在所难免，恳请批评指正。

编者

2022 年 6 月

第 1 章　岭南自然概况

1.1 岭南自然环境概况

1.1.1 地理位置

南岭是长江水系与珠江水系的分水岭，由越城岭、都庞岭、萌渚岭、骑田岭、大庾岭等五岭所构成，东西长约 700 km，南北宽约 400 km。岭南地区是以北回归线为中心的南岭以南区域的概称，在行政区域大致包括云南省东部、广西壮族自治区、广东省、香港特别行政区、澳门特别行政区、海南省以及福建省西南部的部分地区，现也泛指华南区域。18.16° ~ 26.72° N，102.25° ~ 117.19° E，区域涉及面积约 52.37 km^2，约占全国陆地面积的 5.45%。

1.1.2 地形地貌

在地壳运动、岩石特性、地质构造、气候特征等因素的综合影响之下，岭南地区地貌呈现出复杂多样的特征，区域内有平原、台地、丘陵、山地等多种地貌类型。地势由云贵高原逐步过渡到珠江三角洲大平原，地形地貌以山地和丘陵为主，北部南岭山脉万山重叠，地势总体北高南低，最高海拔 2 786.87 m，海拔最低 7.09 m。山脉大多与地质构造的走向一致，以北东—南西走向居多。云南省东部主要为起伏和缓的低山和浑圆丘陵。广西壮族自治区省界周边多山地、高原，中部和南部多丘陵平地，呈盆地状。广东省、香港特别行政区、澳门特别行政区所组成的"粤港澳大湾区"北部多为向南拱出的弧形山脉，南部则为平原和台地，以珠江三角洲平原面积最大，香港和澳门地形主要为丘陵。福建省西形成北东向闽西大山带，以河谷、盆地地形地貌为主。海南省四周低平，中间高耸。岭南地区区域内构成各类地貌的基岩岩石主要为花岗岩，砂岩和变质岩也较多，广西及粤西北区域有较大面积的石灰岩，局部有红色岩系丹霞地貌。岭南地区河流众多，区域内河流流量大、含沙量少、汛期长，珠江是岭南第一大河流，发源于云南东部乌蒙山区，长度居全国第三，流量居全国第二。从东到西，岭南地区海岸线长约 8 400 km，粤西南及桂东南濒临北部湾、海南岛及万山、中沙、西沙、东沙、南沙诸群岛。

1.1.3 气候特点

北回归线从岭南地区中部横穿而过，因此岭南地区位于东亚季风气候区的南部，大部分区域兼具热带和亚热带海洋季风性气候特征。受地形分割影响，具体来看，云南省东部为温带气候，广西为亚热带季风气候区和热带季风气候，广东省、香港特别行政区、澳门特别行政区为东亚季风区，福建省西部为中亚热带气候，海南省为热带季风气候。区域内夏长冬短，终年无雪，大部分地区夏季以风力风速较小的南至东南风为主，冬季以风速较大的北至东北风为主，春秋季风向不定。区域内日照时间长，太阳辐射量大，光、热资源较丰富，年平均日照时数自北向南由 1 200 h 逐渐增加到 2 700 h 以上，年太阳总辐射量介于 4 000 ～ 5 500 MJ/m²。平均气温南高北低，大部分区域年均气温大于等于 20℃，无霜期大于等于 300 d。大部分地区春夏季降水较多，主要集中在 4～9 月，受地形影响年降水量分布不均，呈多中心分布特征，年均降水量为大于等于 1 300 mm，每年 5 ～ 10 月为台风季，特别是 7 ～ 9 月台风频发。同时区域内气象及地质灾害多发，春、夏季主要为长时暴雨、洪涝、雷击、短时强风、高温，秋、冬季主要为低温阴雨、区域干旱、寒露风、寒潮冰冻等。

1.1.4 土壤类型

南岭地区土壤类型主要包括红壤、赤红壤、砖红壤三个类型，其中红壤主要分布于区域北部毗邻南岭南麓区域，赤红壤主要分布于区域内中部地区及海南省中部，砖红壤主要分布于区域南部粤西、桂东南及海南省滨海环线区域。黄壤、水稻土、黄棕壤、棕壤、燥红土、红黏土、新积土、紫色土、石质土、粗骨土、砂姜黑土、潮土在不同区域有零散分布，石灰（岩）土、火山灰土在桂西北、粤北地区分布较多，山地草甸土在云南东部有零散分布，滨海盐土、风沙土、酸性硫酸盐图在滨海地区有一定分布。

1.2 岭南植物资源概况

1.2.1 岭南植物资源概括

岭南地区气候温热多雨，因此植物资源种类丰富多样，四季常青。据统计岭南地区维管束植物共有 289 科 2 051 属 9 052 种，其中已被利用的栽培植物

1 582 种，未被利用的野生植物 6 135 种。粮食作物主要包括水稻、玉米、番薯、木薯、芋头、豆类，经济作物主要包括茶、花生、甘蔗、橡胶、剑麻、腰果、香茅等，水果主要包括柑橘、龙眼、荔枝、香蕉、菠萝、阳桃、杧果、波罗蜜、火龙果等。蔬菜种类繁多，数量达到 120 多种。红豆杉和仙湖苏铁等 7 种野生植物为国家一级保护野生植物，樟、桫椤、土沉香、广东松、凹叶厚朴、丹霞梧桐、白豆杉等多种国家二级保护野生植物。常见的森林生态系统有热带雨林、常绿阔叶林、常绿针叶林、常绿—落叶阔叶混交林以及常绿针—阔叶混交林，同时沿海分布热带红树林，部分地区分布有较大面积的竹林和灌丛。特类木材有荔枝、花梨、子京、母生、坡垒等。岭南地区真菌合计 1 959 种，其中可作食用真菌 185 种，可作药用真菌 97 种。

1.2.2　岭南野生植物资源概况

云南东部及广西壮族自治区北部，岩溶地貌发育广泛，属亚热带高原气候，天气晴朗干燥，冬、春两季较为干旱，很少有雨雾；夏、秋两季较为湿润，阵雨频发，少有暴雨。野生植物资源种类主要包括金合欢、海棠、魔芋、刺梨、金樱子、余甘子、桃金娘、中华猕猴桃、薯莨、使君子、石蒜、天麻、百合、石槲、香茅、冻绿、十里香、密蒙花、九里香、野葛茜草、姜味草、华南云实、灯油藤、嘉兰、木竹子、油渣果、白皮柯、芡实、野甘草等。

广西大部、广东省、香港特别行政区、澳门特别行政区、福建省西部、海南岛及南海诸岛，夏季潮湿炎热，冬季温热，少有严寒，野生植物资源种类更为丰富。野生植物资源主要包括金合欢、五月茶、田秀、茅莓、金樱子、桃金娘、常春藤、余甘子、薯莨、岭南酸枣、多蕙柯、中华称猴桃、冻绿、毛花猕猴桃、密蒙花、广东砂仁、大金鸡菊、红花、华南云实、黄花高、舞草、香根草、水槟榔、华良姜、掌叶悬钩子、野菊、野甘草、九里香、石蒜、含笑、芡实、龙须草等。

1.2.3　岭南野生果树种资源基本情况

我国国土面积东西、南北跨度大，幅员辽阔，地质地貌状况复杂，在多种气候的影响下土壤种类也丰富多样。在长期的气候变化与物种自然进化过程中，经自然选择形成了类型丰富多样、外观绚丽多彩的野生果树植物资源，使我国成为世界第三植物种类保有国，较多的研究证明我国是世界果树起源中心之一。据不完全统计，我国果树植物资源种类有 81 科、223 属、1282 种、161 亚种、变种和变型。其中蔷薇科最多，种类达到 434 个种，其次是猕猴桃科、虎耳草科和山毛榉科，种类分别达到 63 种、54 种和 49 种。其中尚未规模化商品栽培的野生果树（包括引入后逸为野生者）计 73 个科，173 个属，1 076 个种及 81 个亚种、变种和变型，分别占我国果树的 90.12%、77.58% 和 80.18%。

岭南地区因其独特的地理风貌和气候条件，蕴含有丰富的野生果树资源，其中广西种类最丰富，含 50 个科，99 个属，290 个种（含变种和变型），分别占全国 68.49%、57.23%、25.06%；其次是广东，含 45 个科，93 个属，234 个种（含变种和变型），分别占全国 61.64%、53.76%、20.22%；海南种类较少，含 37 个科，62 个属，85 个种（含变种和变型），分别占全国 50.68%、35.84%、7.35%。

岭南野生水果植物分布较为星散，很少会集中分布而成为优势群落。以下野果在岭南较为常见：猕猴桃、桃金娘、地稔、多花山竹子、岭南山竹子、三尖杉、银杏、罗汉果、番石榴、野生葡萄、山黄皮、余甘子、刺梨、刺篱木、大果山楂、蒲桃、冷饭团、瓜馥木、紫玉盘、野木瓜、核桃、杨梅、山橘、柚、橄榄、南酸枣、乌榄、龙眼、荔枝、杧果、毛南五味子、三叶木通、木奶果、豆梨、金樱子、天仙果、台湾榕、空心泡、黄泡、大耳榕、人面子、扁桃、癞杨梅、冬桃、橄榄、三角榄、赤楠华杜英、山杜英、尖嘴林檎、羊奶果、狭叶杜英、枳椇、乌饭树、毛茄、金樱子、小果蔷薇、吊杆泡、酸藤子、厚叶酸藤子、野柿、罗浮柿、桂木、苹婆、粗叶山楂、地稔、尖叶藤黄、第伦桃、大果花楸等。

第 2 章 岭南野生果树资源
利用现状概述

2.1　岭南野生果树资源主要营养成分

营养素（也称营养物质），通常是指除了阳光和空气外，人体为了维持生命与健康必须从食物中摄取的具有营养作用的物质。营养素可以分为有机营养素和无机营养素两大类，其中有机营养素主要包括碳水化合物（糖和淀粉）、蛋白质、脂类以及维生素，无机营养素主要包括矿物质元素（无机盐）和水。另外还有膳食纤维被认为是第七类营养物质。研究野生果实中的营养成分及其对人体健康的影响，对科学地利用野生果树资源极为重要。为了更进一步了解野生果实的食用价值和医用价值，方便深入研究和加工应用，我们不但要考虑七大营养素含量，而且要深入分析其可溶性固形物、多糖、多酚类、生物碱以及萜类化合物等活性成分。

2.1.1　可溶性固形物

可溶性固形物是包括可溶性糖、酸、几丁质、纤维素、半纤维素等成分的综合型指标，是评估饮料等水溶液品质的重要参数。可溶性固形物含量是在水果采收、生产和流通等方面必不可少的检测指标之一，已被广泛地用于水果品质及其安全测试方面。

2.1.2　多糖

多糖是由多种单糖及其衍生物通过糖苷键聚集而成的高分子碳水化合物，是生物体中最重要的生物大分子之一，普遍存在于植物、动物细胞和微生物中。目前，人们对其免疫调节活性、抗氧化活性、抗肿瘤活性、保肝和降血脂活性等生物活性进行了大量研究。因此，天然无毒且具有生物活性的多糖在医药、食品和保健工业等领域具有广阔的应用前景。

2.1.3　多酚类

多酚是植物次生代谢产物，在水果、蔬菜、谷物、茶饮料、咖啡等多种植物性食品中均有丰富的多酚类物质。植物性食品中常见的多酚类化合物大致可分为黄酮类、单宁类、酚酸类以及花色苷类等。食物来源的多酚对机体具有潜在的健康益处，不仅表现出抗氧化的特性，而且还有抗菌、抗病毒、抗炎和抗癌等作用。

2.1.4 生物碱

生物碱是一类含氮的有显著生理活性的碱性有机化合物，具有复杂的含氮杂环结构，具有类似碱的性质。大多数生物碱研究发现，生物碱类化合物具有镇痛、抗菌、抗癌、保肝、强心等多种生理活性作用，是中草药中重要的有效成分之一。

2.1.5 萜类化合物

萜类化合物为植物的次级代谢产物，普遍存在于自然界的各类植物中，如苹果、人参、菊花、芍药、薄荷等。萜类化合物结构复杂，是一类以异戊二烯为基本单位连接而成的天然化合物及其衍生物。根据异戊二烯单元的数目，萜类化合物可以分为单萜（$n=2$）、倍半萜（$n=3$）、二萜（$n=4$）、三萜（$n=6$）等其他萜类化合物。据现有统计，自然界中存在大于 70 000 种不同结构的萜类化合物，在食品、化妆品、医药、农业和能源等行业有潜在的应用价值。

2.2 岭南野生果树资源开发利用现状

随着人们生活水平和科学技术的不断提高，对野生果树的利用日益重视，尤其是科研人员对我国野生果树进行了全面统计和深入调查之后，社会相继报道了大量新树种和新用途，使得野生果树的开发利用迈向了更高水平、更高层次，主要体现在以下方面。

2.2.1 在食品行业中的利用

多数野生果树的果实具有较高的营养价值，其中有不少可以直接食用，并且其营养成分和食疗价值比普通的果实更佳突出。由于这类水果天然、五污染、风味独特，被称为"第三代水果"，如大果山楂、树莓、桃金娘、余甘子等。但缺点是果实适口性较差、体态较小、产量低。为了更好地加以利用，可以对野生果实进行人工培育改良或者进行适当加工应用。

目前，很多学者对野生果树的果实进行了大量基础和应用研究，以便其更好地在食品行业中得到应用。经研究发现，大部分野生果树的果实因富含维生素 C 、黄酮类物质以及多糖等功能活性成分，这类果实更适用于加工成为保健食品、饮品等产品。例如刺梨因富含维生素 C、多糖、黄酮、有机酸、三萜类化合物和多酚等活性物质，许粟等（2022）利用刺梨进行制备淀粉型刺梨凝胶软糖，张灿等（2022）利用刺梨果渣及其膳食纤维提取物研制面条，得到的面条吸水率、弹性、咀嚼性、膳食纤维含量、抗氧化活性显著提高，损失率、淀粉水解率显著降低；大果山楂富含多酚、酚酸、多糖和黄酮等活性成分，还有丰富的花色苷，钟平娟等利用大果山楂进行发酵果酒，并对其抗氧化活性和香气成分进行了分析，最终确定了产量大、生物活性成分丰富的大果山楂具备开发高品质果酒可行性；番石榴含有丰富的蛋白质、脂肪以及维生素 A、维生素 B、维生素 C 和磷、钾、钙和镁等微量元素，汪琢以薏米与番石榴为原料，利用乳酸菌发酵研制出新型薏米与番石榴复合乳酸发酵饮料，得到的复合乳酸发酵饮料口感酸甜适宜，营养丰富；嘉宝果富含钙、铁、锌等矿物质元素以及蛋白质、糖类等营养成分，陈燕霞等（2021）以嘉宝果为原料制作嘉宝果浸泡酒，研究发现嘉宝果浸泡酒浸渍 3 个月为最佳，得到的浸泡酒不但活性物质含量高、抗氧化活性强，而且其口感、风味均达到最好水平。

部分野生果树的果实比较小，但其含糖量较多，可以被用来酿酒，例如，因豆梨果实含糖量高达 20%，伍国明等（2012）以豆梨果浆为原料酿造豆梨果酒，得到的果酒色、香、味俱佳，具有独特的豆梨酒风格。

另外，还有其他野生果实也备受研究者关注，如利用桃金娘浸泡果酒、野木瓜酿造糯米酒、利用金樱子制备金樱子棕作为食品着色剂等。

2.2.2 在医药行业中的应用

多数岭南野生果树中的根、茎、叶、皮、果实、种子等部位含有有机酸、多糖、黄酮类化合物、萜类化合物和生物碱等具有药用功能活性的物质，因此，岭南野生果树也属于野生中药材的范畴。如金樱子、山莓、悬钩子等可治疗阳痿早泄、遗精、肾虚尿频，以及具有活血散瘀、祛风活血、清热解毒等功效；同时，金樱了与五味子等中药材进行合理配伍，可以治疗慢性肠炎及腹泻等疾病。以下例举三尖杉、岭南山竹子、地稔等部分具有岭南特色的果树在医药领域上的应用。

三尖杉（*Cephalotaxus fortunei* Hook. f.）为柏目红豆杉科植物，具有驱虫、润肺、止咳等作用，而三尖杉酯碱是从三尖杉中所提取分离出的一种生物碱，研究证实可有效治疗白血病、急性非淋巴细胞性白血病以及抑制恶性细胞增殖，三尖杉酯碱和高三尖杉酯碱在我国已被开发成抗癌药物。

岭南山竹子（*Garcinia oblongifolia* Champ. ex Benth.）又名岭南倒捻子，为藤黄科（*Guttiferae*）藤黄属植物，其树皮、果实、树叶均可作为药材，具有消炎止痛、收敛生肌等作用，还可以治疗肠炎、小儿消化不良、十二指肠溃疡、胃溃疡、呕吐、泄泻、牙周炎、口腔炎、痈疮溃烂等疾病。

地稔（*Melastoma dodecandrum* Lour.）为野牡丹科植物地稔的干燥或新鲜全草，又名山地稔、地枇杷、金石头、落地稔等。地稔全草可药用，其味甘、涩，性凉，具有清热解毒、活血止血、消肿去瘀等功效，临床上常用于治疗流行性脑脊髓膜炎、高热、肝炎、肝肿大、肿痛、痔疮、牙痛、赤白血痢疾、黄疸、水肿、风湿骨痛、痛经、崩漏、毒蛇咬伤及子宫癌等病症，另外有报道地稔对于抗衰老、抗肿瘤、降血糖、降血脂等疾病的治疗也有一定的效果。

紫玉盘（*Uvaria macrophylla* Roxb.）系番荔枝科紫玉盘属植物，多为灌木，药用全株，味苦、性甘，微温，具有行气健胃、祛风除湿、止痛、化痰止咳等功效，民间用于治疗跌打损伤、腰腿疼痛、消化不良、腹胀腹泻等症，其叶用于止痛消肿。紫玉盘含有内酯类、生物碱类、黄酮类、萜类、多氧取代环己烯类等成分，具有抗肿瘤、抗原虫、抗病毒、抗菌等作用。另据报道，有一款以紫玉盘作为主药的复方感冒颗粒剂对一般感冒发热具有良好的治疗效果。

瓜馥木 [*Fissistigma oldhamii* (Hemsl.) Merr.] 又名排骨灵、钻山风、广香藤，为番荔枝科（Annonaceae）瓜馥木属（Fissistigma）植物，其根和藤茎均可入药，性温味辛，具有祛风除湿、活血止痛等功效。瓜馥木属具有活性的化学成分种类繁多，目前已分离出生物碱类、苷类、萜类、黄酮类、有机酸、挥发性成分等，其药理作用广泛，具有心血管保护、抗支气管哮喘、抗炎和免疫抑制、抗菌、镇痛、抗肿瘤、抗结核病等功效，还可以治疗腰痛、跌打损伤、风湿痹痛、胃痛等。另据《中国药典》收录，有以瓜馥木提取生物碱（瓜馥木碱甲）为主药的成方制剂钻山风糖浆，具有祛风除湿、散瘀镇痛、舒筋活络等功效。

另外，野生果树在医药领域还有很多的应用及研究，如具有防癌、降压、抗氧化、保肝的林檎，具有降低胆固醇、降血脂、消炎、抗 HIV 病毒、抗血小板、抗衰老的冷饭团，具有解毒止痒、止咳平喘等功效的木奶果，具有消积消滞、健脾胃和祛痰化气等功效的山黄皮，等等。

2.2.3 在城市绿化中的应用

野生果树种类繁多，有些易移植栽培，有些外观独特耐观赏，有些甚至有杀菌、净化空气的作用。物尽其用，这些果树经常被用以改善城市生态、保护环境、美化生活环境。同时，在城镇和山区较差环境中，可用于水土保持和防风固沙等环境改良。如海棠和火棘等常被用于城市园林绿化，美化环境；稠李可作为庭院和疗养院的观赏树种，既美观又可净化空气；沙棘具有强大的固氮能力，是很好的防风固沙、保持水土、改良土壤的树种。目前，有不少岭南野生果树被利用到城市绿化中来，并且种类大致相同，如在河源市和南宁市城市园林绿化中主要有地银杏、南天竹、野石榴、第伦桃、野茶树、阔叶猕猴桃、番石榴、蒲桃、水翁、海南蒲桃、轮叶蒲桃、桃金娘、毛稔、豆梨、金樱子、杨梅、柚子、山黄皮、龙眼、荔枝、人面子、杧果等野生果树资源被利用到。

2.2.4 在繁殖育种中的应用

野生果树很多果实产量不高、适口性较差，但一般具有比较强的抗逆性和环境适应性，因此，如可以用作嫁接栽培果树的砧木，如酸枣、柚、杨梅、山桃等通过嫁接能够提高果树对环境的适应性和提高果树的结果能力。另外，可利用生物育种等技术将野生果树与驯化好的栽培果树进行杂交，进而使栽培品种获得野生果树的优势基因和特色，使得野生果树的丰富基因资源得以充分利用。

目前，我国主要果树的栽培品种多数是从国外引进的，如红富士苹果、巨峰葡萄、戈雷拉草莓、温州蜜柑等，我国选育的品种还没有在生产上发挥主导作用。岭南野生果树资源丰富，具有很好的选种培育前景，岭南地区培育较为成熟的品种主要有桃、柑、葡萄、柿子、李子、杨梅、菠萝、香蕉、荔枝、猕猴桃等大宗果树。当前也有不少学者致力于新种质资源的发掘和研究，梁武军等利用广东酸橘成熟果实进行取种播种，再进行植株倍性检测，发掘了一批同源四倍体新种质，丰富了我国柑橘砧木种质资源。

2.3 岭南野生果树资源开发利用问题与对策

我国野生果树开发利用起步比较晚，20 世纪 80 年代才开始引起人们的关注，从此形成了全国范围的果树资源开发热潮。岭南地区的野生果树资源也同样被逐渐关注和深入研究，从开始的新品种开发逐渐到抗性、矮化等品种培育优化，并在近十年进入了综合开发的崭新阶段。尽管如此，岭南野生果树资源的开发和利用相对来说还是比较欠缺的，需要加大保护力度和科研力度。

2.3.1 加大 宣传力度和完善立法保护

众所周知，野生果树纯天然、无污染，多数富含功能活性成分，具有较好的保健功能，极具开发价值。但是普通百姓甚至不少科研工作者对野生果树品种的认知少之又少，有些野生果树容易因忽视而没能得到保护，甚至遭到砍伐等破坏。因此亟须加大宣传力度，提高民众对野生果树的认知能力，并倡导全社会参与到野生果树资源的保护中来。另外，现阶段推行的《中华人民共和国野生植物保护条例》是野生植物保护立法体系的基础，但是它一种行政法规，效力层级相对较低，操作范围较为狭窄，严重影响执法效果。为了进一步提高野生植物资源的保护管理效果，需要不断完善该条例，使其提高保护野生植物资源的有效方法。

2.3.2 广泛开展资源调查和引种驯化工作

岭南地区属于热带、亚热带季风气候，又是植被繁茂的丘陵地带，野生果树资源种类是全国最多的地区之一。虽然我国在 20 世纪六七十年代进行过一次全国性的果树资源普查工作，但由于受到当时技术人员专业知识、经济条件和交通条件等的限制，应该还有不少野生果树资源被忽视。现阶段，无论是经济条件、交通条件，还是专业技术人员的技术水平都得到了很大的提升，因此急需开展全面、系统的野生果树资源调查，做好野生果树种质资源的收集、鉴定和保护。同时，为了进一步做好种质资源的保护工作和提高野生果树的商品率和经济效益，应积极开展野生果树的驯化工作。通过调查和驯化的有机结合，切实做到资源保护和适当的开发利用。

2.3.3 加强科学研究，挖掘经济价值

野生果树资源一旦被驯化培育出来，就需要有进一步的深加工技术的投入，全面挖掘出其各部位所具有的经济价值，才能使资源得到综合利用。如野生果树资源所富含的生物活性物质、天然色素、蛋白质和脂肪等成分，每一种成分

在食品和医药领域都有很好的应用前景。但是从资源被发现到驯化培育、成分分离和提纯等每一步都需要强有力的技术支撑，因此只有不断地加强科学研究，才能真正做到物尽其用，发挥其真正的价值。

2.3.4　适度开发，确保可持续发展

开发利用应适度，应在"保护与利用并举，生态效益和经济效益统一"的原则下进行，不能搞"杀鸡取卵"式破坏型的开发。尤其是一些市场需求量大、经济效益高，但是储量小的果树资源，应先做驯化培育，再进行扩大种植，以补充市场需求，同时保护好资源储量；有些野生资源在民间有少量应用，但其成分和其他用途不明确的，应避免为了抢占市场而过早开发，否则导致资源浪费、种植户损失等，应加快成分研究和加工应用研究，带技术成熟后再推广利用。因此必须坚持走可持续发展的道路，对野生果树资源进行合理开发利用，以实现经济效益、生态效益和社会效益共赢。

第3章 野生果树资源

3.1 芭蕉科

◎芭蕉属

3.1.1 野蕉 *Musa balbisiana* Colla

[别名]

野芭蕉、山芭蕉

[形态特征]

多年生丛生草本，具根茎，假茎丛生，高约6 m，黄绿色，具匍匐茎。叶片卵状长圆形，基部耳形，两侧不对称，叶面绿色，微被蜡粉；叶翼张开，幼时常闭合。花序长约2.5 m，雌花的苞片脱落，中性花及雄花的苞片宿存，苞片卵形至披针形，外面暗紫红色，内面紫红色；开放后反卷；合生花被片具条纹，外面淡紫白色，内面淡紫色；离生花被片乳白色，透明，倒卵形，基部圆形，先端内凹，在凹陷处有一小尖头。合生花被片具条纹，外面暗紫红色，被白色，内面淡紫色。果丛共8段，每段有果2列，15～16个。浆果倒卵形，棱角明显，先端收缩成一具棱角，长约2 cm的柱状体，基部渐狭成长约2.5 cm的柄，果内具多数种子；种子扁球形，褐色，具疣。花期3～8月。果期7～12月。

[生境与分布]

生于沟谷坡地的湿润常绿林中。分布于中国云南西部、广西、广东等地。

[资源开发与利用现状]

野蕉是世界上栽培香蕉的亲本种之一。其假茎可作猪饲料；果实味涩不宜饲喂；花、假茎、根头做菜或当饭吃；全株尚可入药，可截疟；种子性味苦、辛，性凉，有破瘀血、通便的功效，主治跌打骨折、大便秘结。

3.2　大戟科

◎ 木奶果属

3.2.1　木奶果 *Baccaurea ramiflora* Lour.

[别名]

树奶果、三丫果、木赖果、木荔枝、大连果、山萝葡、黄果树、树葡萄、火果

[形态特征]

常绿乔木，高 5 ～ 15 m，胸径可达 60 cm；树皮灰褐色；小枝被糙硬毛，后变无毛。叶片纸质，倒卵状长圆、倒披针或长圆形，长 9 ～ 15 cm，宽 3 ～ 8 cm，顶端短渐尖至急尖，基部楔形，全缘或浅波状，上面绿色，下面黄绿色，两面均无毛；侧脉每边 5 ～ 7 条，表面扁平，背面突起；叶柄长 1.0 ～ 4.5 cm；花小，雌雄异株，无花瓣；总状圆锥花序腋生或茎生，被疏短柔毛，雄花序长达 15 cm，雌花序长达 30 cm；苞片卵形或卵状披针形，长 2 ～ 4 mm，棕黄色；雄花萼片 4 ～ 5，长圆形，外面被疏短柔毛；雄蕊 4 ～ 8；退化雌蕊圆柱状，2 深裂；雌花萼片 4 ～ 6，长圆状披针形，外面被短柔毛；子房卵形或圆球形，密被锈色糙伏毛，花柱极短或无，柱头扁平，2 裂。浆果状蒴果卵状或近圆球状，黄色后变紫红色，不开裂，内有种子 1 ～ 3 颗；种子扁椭圆形或近圆形，长 1.0 ～ 1.3 cm。花期 3 ～ 4 月，果期 6 ～ 10 月。

[生境与分布]

生于海拔 1 000 ～ 1 300 m 的山谷、山坡林地。分布于广东、海南、广西和云南等地。

[资源开发与利用现状]

木奶果树形美观，果实颜色多样，有红、紫、黄和白等，趣味性和观赏性强，

可作行道树，具独特的园林景观价值。在风景区庭院或草坪群植，适宜摄影与绘画。果实酸甜，富含糖类、维生素及人体所需的多种微量元素，可鲜食也可加工制果酱，果实提取物倍半萜内酯及根的挥发油、内酯具有抗肿瘤作用。但果实易变色发霉，不耐储运。根、茎、叶、果肉、果皮均可入药，性寒凉，味辛、苦，有止咳平喘、解毒止痒的功效，可治疗咳喘、皮炎瘙痒等症。

◎算盘子属

3.2.2 算盘子 *Glochidion puberum*（L.）Hutch.

[别名]

算盘珠、磨盘树子、柿子椒、野南瓜、山金瓜、地金瓜、水金瓜、西瓜树、血木瓜、野北瓜子、橘子草、百荚橘、红橘仔、八瓣橘、八楞橘、臭山橘、山橘子、百梗桔、山油柑、蝉子树、果合草、血泡木、黎击子、雷打柿、山馒头、狮子滚球、万豆子、寿脾子、牛萘、野蒲蒲、金骨风、野毛楂、小孩拳

[形态特征]

直立灌木，高 1 ~ 5 m，多分枝；小枝灰褐色；小枝、叶片下面、萼片外面、子房和果实均密被短柔毛。叶片纸质或近革质，长圆、长卵或倒卵状长圆形，稀披针形，长 3 ~ 8 cm，宽 1.0 ~ 2.5 cm，顶端钝、急尖、短渐尖或圆，基部楔形至钝，表面灰绿色，仅中脉被疏短柔毛或几无毛，背面粉绿色；侧脉每边 5 ~ 7 条，下面突起，网脉明显；叶柄长 1 ~ 3 mm；托叶三角形，长约 1 mm。花小，雌雄同株或异株，2 ~ 5 朵簇生于叶腋内，雄花束常着生于小枝下部，雌花束则在上部，或雌、雄花同生于一叶腋内；雄花花梗长 4 ~ 15 mm；萼片 6，狭长圆或长圆状倒卵形；雄蕊 3，合生呈圆柱状；雌花花梗长约 1 mm；萼片 6，与雄花相似，但较短厚；子房圆球状，5 ~ 10 室，每室 2 胚珠，花柱合生呈环状，长宽与子房几近相等，与子房接连处缢缩。蒴果扁球状，直径 8 ~

15 mm，边缘有 8 ～ 10 条纵沟，成熟时带红或红棕色，被短绒毛，顶端具环状而稍伸长的宿存花柱，种子多颗近肾形，具 3 棱，长约 4 mm，朱红色。花期 4 ～ 8 月，果期 7 ～ 11 月。

[生境与分布]

　　生于山坡灌丛中，果实不宜直接食用。分布于陕西、甘肃、安徽、江苏、湖北、湖南、福建、台湾、广东、广西、四川、云南、贵州等地，在贵州产量及蕴藏量较大。

[资源开发与利用现状]

　　果实、地上部分或根可作药用，用于治疗痢疾、泄泻、淋浊、黄疸、带下、咽喉肿痛、牙痛等症。

◎叶下珠属

3.2.3　余甘子 *Phyllanthus emblica* L.

[别名]

牛甘果、油甘果、油金子、油甘子、滇橄榄、喉甘子、庵摩勒、油桥、庵婆罗果

[形态特征]

乔木，高可至 23 m，胸径 50 cm；树皮浅褐色；枝条具纵细条纹，被黄褐色短柔毛。叶片纸质至革质，2 列，线状长圆形，顶端截平或钝圆，有锐尖头或微凹，基部浅心形而稍偏斜，表面绿色，背面浅绿色，干后带红色或淡褐色，边缘略背卷；侧脉每边 4～7 条；托叶三角形，褐红色，边缘有睫毛。聚伞花序由多朵雄花和 1 朵雌花或全为雄花腋生组成；萼片 6；雄花花梗长 1.0～2.5 mm，雄蕊 3，花丝合生为长 0.3～0.7 mm 的柱，花药直立，长圆形，长 0.5～0.9 mm，顶端具短尖头，药室平行，纵裂；萼片膜质，黄色，长倒卵形或匙形，近相等，顶端钝或圆，边缘全缘或有浅齿；花粉近球形，具 4～6 孔沟，内孔多长椭圆形；花盘腺体 6，近三角形；雌花花梗长约 0.5 mm；萼片长圆形或匙形，顶端钝或圆，较厚，边缘膜质，多少具浅齿；花盘杯状，包藏子房达 1/2 半以上，边缘撕裂；子房卵圆形，长约 1.5 mm，3 室，花柱 3，基部合生，顶端 2 裂，裂片顶端再 2 裂。蒴果核果状，圆球形，直径 1.0～1.3 cm，外果皮肉质，绿白色或淡黄白色，内果皮硬壳质；种子略带红色，长 5～6 mm，宽 2～3 mm。花期 4～6 月，果期 7～9 月。

[生境与分布]

生于海拔 200～2300 m 山地疏林、灌丛、荒地或山沟向阳处，喜温暖干热气候。分布于贵州、云南、广东、广西、福建、台湾、海南（儋州、琼中）等地。

[资源开发与利用现状]

　　余甘子是联合国卫生组织指定在全世界推广种植的 3 种保健植物之一，也是我国重要的经济林果。其果实富含维生素 C、维生素 B 和维生素 P，以及多酚、萜类、黄酮类、蛋白质、脂肪、果酸、钙、磷、钾及 17 种氨基酸等，其中多酚含量最高，具有抗氧化、降血脂、保肝、抗肿瘤、抗衰老、提高免疫力等功效。可制作饮品、蜜饯、糖水罐头、盐水罐头，以及各种保健产品。印度、古巴、马来西亚、美国等国多加工为高营养型罐头、饮料等。

3.3　冬青科

◎冬青属

3.3.1　康定冬青 *Ilex franchetiana* Lose.

[别名]

　　山枇杷

[形态特征]

　　常绿灌木或小乔木；小枝黑褐色，当年生枝黑色，有纵棱，无毛。单叶互生，叶柄长 6 ～ 15 mm；叶片薄革质，倒卵状椭圆形、长椭圆形或倒披针形，长 7 ～ 13 cm，宽 2 ～ 4 cm，顶端锐尖或渐尖，基部楔形，边缘具锯齿。花白色，芳香，4 数，雌雄异株，花簇生于叶腋，雄花 1 ～ 3 朵成小聚伞花序；雌花单一，花萼杯状，裂片卵状三角形，先端钝尖或圆形，长约 1 mm，有稀疏粗毛，花瓣卵状椭圆形，长约 2 mm，不孕雄蕊较花冠为短，雌蕊与花冠等长，子房卵形，柱头盘状，4 裂。浆果状核果球形，成熟时红色，直径 6 ～ 7 mm；果梗长 5 ～ 9 mm，无毛；分核 4，背部具掌状纵纹，及槽。花期 4 ～ 5 月，果期 7 ～ 10 月。

[生境与分布]

生于山坡、山谷疏林或灌丛中。分布于我国西南及湖北、湖南、广西等地。

[资源开发与利用现状]

果实不宜直接食用，但富含维生素 C 、可滴定酸等营养物质，具有解热清肺、祛风除湿、通乳等功效。

3.4 杜鹃花科

◎越橘属

3.4.1 短尾越橘 *Vaccinium carlesii* Dunn

[别名]

早禾子树、捻子

[形态特征]

常绿灌木或乔木，高 1 ~ 3（6）m；分枝多，枝条细。幼枝通常被短柔毛，有时无毛，老枝灰褐色，无毛。叶密生，散生枝上，叶片革质，卵状披针或长卵状披针形，长 2 ~ 7 cm，宽 1.0 ~ 2.5 cm，顶端渐尖或长尾状渐尖，基部圆或宽楔形，稀楔形，边缘有疏浅锯齿，除表面沿中脉密被微柔毛外两面不被毛，中脉细，在两面稍突起，侧脉和网脉纤细，在两面均不明显或仅在背面略显；叶柄有微柔毛或近无毛。总状花序腋生和顶生，长 2.0 ~ 3.5 cm，序轴纤细，被短柔毛或无毛；苞片披针形，小苞片着生花梗基部，披针形或线形；花梗短而纤细；萼齿三角形，无毛；花冠白色，宽钟状，口部张开，5 裂几达中部，裂片卵状三角形，顶端反折；雄蕊内藏，短于花冠，花丝极短，被疏柔毛，药室背部之上有 2 极短的距，药管约为药室长的 1/2 至 2/3；子房无毛，花柱伸出花冠外。结果期果序长可至 6 cm；浆果球形，直径 5 mm，熟时紫黑色，外面无毛，常被白粉。花期 5 ～ 6 月，果期 8 ～ 10 月。

[生境与分布]

生于海拔 270 ～ 800（1 230）m 的灌丛、山地疏林或常绿阔叶林内。分布于安徽、浙江、贵州、湖南、江西、广东、广西、福建等地。在贵州主要分布于安龙、绥阳、瓮安、黄平、印江、黎平、从江等地。

[资源开发与利用现状]

全株入药，具有清热解毒、止血、固精的功效。

◎越橘属

3.4.2　黄背越橘 *Vaccinium iteophyllum* Hance

[别名]

毛米饭花、糯米柴

黄背越橘 [原变种，*Vaccinium iteophyllum* Hance var. *iteophyllum* （C. B. Clarke) Ridley]

[形态特征]

常绿灌木或小乔木，高 1 ～ 7 m。幼枝被淡褐色至锈色短柔毛或短绒毛，老枝灰褐色或深褐色，无毛。叶片革质，卵形，长卵状披针至披针形，顶端渐尖至长渐尖，基部楔形至钝圆，边缘有疏浅锯齿，有时近全缘，表面沿中脉被微柔毛，其余部分通常无毛，稀被短柔毛，背面被短柔毛，沿中脉尤明显，侧脉纤细，在两面微突起；叶柄短，密被淡褐色短柔毛或微柔毛。总状花序生于枝条下部和顶部叶腋，长 3 ～ 7 cm，花序轴、花梗密被淡褐色短柔毛或短茸毛；苞片披针形，被微毛，小苞片小，线形或卵状披针形，被毛，早落；花梗长 2 ～

4 mm；萼齿三角形，长约 1 mm；花冠白色，或带淡红色，筒状或坛状，外面沿 5 条肋上有微毛或无毛，裂齿短小，三角形，直立或反折；雄蕊药室背部有长约 1 mm 的细长间距，药管长约 2.5 mm，约为药室长的 4 倍，花丝长 1.5 ～ 2.0 mm，密被毛；花柱不伸出。浆果球形，直径 4 ～ 5 mm，或疏或密被短柔毛。花期 4 ～ 5 月，果期 6 月以后。

[生境与分布]

生于海拔 400 ～ 1 440（2 400）m 的山地灌丛或山坡疏、密林内。分布于西藏、安徽、江苏、浙江、湖北、湖南、四川、贵州、云南、江西、广东、广西、福建等地。

[资源开发与利用现状]

叶、枝入药，主治疮毒。

◎越橘属

3.4.3　南烛 *Vaccinium bracteatum* Thunb.

[别名]

乌饭树、乌饭叶、乌饭子、饭树、饭筒树 染菽、康菊紫、大禾子、零丁子、碎子木、苞越橘、称杆树

a.南烛（原变种，*Vaccinium bracteatum* var. *bracteatum*）；b.小叶南烛（变种，*Vaccinium bracteatum* var. *chinense*）；c.倒卵叶南烛 [变种，石子陵木（广东），*Vaccinium bracteatum* var. *obovatum*]；d.淡红南烛（变种，*Vaccinium bracteatum* var. *rubellum*）

[形态特征]

常绿灌木或小乔木，高 2 ～ 6（9）m；分枝多，幼枝被短柔毛或无毛，老

枝紫褐色，无毛。叶片薄革质，椭圆形、菱状椭圆形、披针状椭圆形至披针形，长 4 ～ 9 cm，宽 2 ～ 4 cm，顶端锐尖、渐尖，基部楔形、宽楔形，稀钝圆，边缘有细锯齿，表面平坦有光泽，两面无毛，侧脉 5 ～ 7 对，斜伸至边缘以内网结，与中脉、网脉在表面和背面均稍微突起；叶柄长 2 ～ 8 mm，通常无毛或被微毛。总状花序顶生和腋生，长 4 ～ 10 cm，有多数花，序轴密被短柔毛稀无毛；苞片叶状，披针形，长 0.5 ～ 2.0 cm，两面沿脉被微毛或两面近无毛，边缘有锯齿，宿存或脱落，小苞片 2，线形或卵形，密被微毛或无毛；花梗短，密被短毛或近无毛；萼筒密被短柔毛或茸毛，稀近无毛，萼齿短小，三角形，长 1 mm 左右，密被短毛或无毛；花冠白色，筒状，有时略呈坛状，长 5 ～ 7 mm，外面密被短柔毛，稀近无毛，内面有疏柔毛，口部裂片短小，三角形，外折；雄蕊内藏，长 4 ～ 5 mm，花丝细长，长 2.0 ～ 2.5 mm，密被疏柔毛，药室背部无距，药管长为药室的 2.0 ～ 2.5 倍；花盘密生短柔毛。浆果直径 5 ～ 8 mm，熟时紫黑色，外面通常被短柔毛，稀无毛。花期 6 ～ 7 月，果期 8 ～ 10 月。分布至云贵高原及台湾地区，出现一些变异：花序各部分毛变少甚至近于无毛；苞片变小。

[生境与分布]

生于丘陵地带或海拔 400 ～ 1 400 m 的山地；耐旱、耐寒、耐瘠薄，生于山坡、路旁或灌木丛中。分布于华东、华中、华南、西南等地区。

[资源开发与利用现状]

全株含桭木毒素，嫩叶含量尤多。中毒后易引起呕吐，大便次数增多，多尿，神经中枢及运动神经末梢麻痹，肌肉痉挛。化学成分主要为三十一烷、木栓酮、表木栓醇、β - 谷甾醇、熊果酸和花色苷类化合物，有抗疲劳及延缓衰老、改善和预防眼疾、抗贫血及增强机体免疫力等功效。南烛子干燥果含糖约 20%，含游离酸约 7.02%，以苹果酸为主，枸橼酸，酒石酸少量。可内服（煎汤 9 ～ 15 g）或入丸，提取物在体外能使艾氏腹水癌细胞变性。富含花青苷，有染色功能。我国安徽、江苏、浙江、湖南、贵州等地的民间每到农历四月初八，人们爱用其嫩叶制作青黑色米饭（乌饭），湖南侗族称其为黑饭节。

◎越橘属

3.4.4 越橘 *Vaccinium vitis-idaea* L.

[别名]

红豆、牙疙瘩、越橘、温普乌饭树、小苹果、蓝莓

[形态特征]

常绿矮小灌木，地下部有细长匍匐根状茎，地上部植株高 10～30 cm。茎纤细，直立或下部平卧，枝及幼枝被灰白色短柔毛。叶密生，叶片革质，椭圆或倒卵形，长 0.7～2.0 cm，宽 0.4～0.8 cm，顶端圆，有凸尖或微凹缺，基部宽楔形，边缘反卷，有浅波状小钝齿，表面无毛或沿中脉被微毛，背面具腺点状伏生短毛；中脉、侧脉在表面微下陷，在背面稍微突起，网脉在两面不显；叶柄短，长约 1 mm，被微毛。花序短总状，生于去年生枝顶，长 1.0～1.5 cm，稍下垂，花 2～8 朵，花序轴纤细，被微毛；苞片红色，宽卵形，长约 3 mm；小苞片 2，卵形，长约 1.5 mm；花梗长约 1 mm，被微毛；萼筒无毛，萼片 4，宽三角形，长约 1 mm；花冠白或淡红色，钟状，长约 5 mm，4 裂，

裂至上部1/3,裂片三角状卵形,直立;雄蕊8,比花冠短,长约3 mm,花丝很短,有微毛,药室背部无距,药管与药室近等长;花柱稍超出花冠。浆果球形,直径5～10 mm,紫红色。花期6～7月,果期8～9月。

[生境与分布]

生于高山沼地、石南灌丛、针叶林等稍干燥的生境,但也生于相当潮湿的泥炭土地。分布于黑龙江、吉林、内蒙古和大兴安岭地区,以及陕西、新疆等地,华南地区有少量分布。

[资源开发与利用现状]

越橘植株常绿,果实亮丽,用于林下地面绿化。果实汁液丰富,酸甜可口,科生食或制作果酱、果汁、果酒、果糕、果冻、罐头等;叶、果均可入药,叶可代茶饮。叶味苦、涩,性温,有小毒,可治疗尿道感染、膀胱炎、肠炎、痢疾、泄泻及急性风湿热等;叶还可提取烤胶。果实还可提取红色素,种子可榨油。

3.5 番荔枝科

◎ 番荔枝属

3.5.1 番荔枝 *Annona squamosa* L.

[别名]

赖球果、佛头果、释迦果、唛螺陀、洋菠萝、蚂蚁果、林檎

[形态特征]

落叶小乔木,高3～5 m;树皮薄,灰白色,多分枝。叶薄纸质,排成两列,椭圆状披针形,或长圆形,长6.0～17.5 cm,宽2.0～7.5 cm,顶端急尖或钝,

基部阔楔形或圆形，背面苍白绿色，初时被微毛，后变无毛；侧脉每边 8 ～ 15 条，上面扁平，下面突起。花单生或 2 ～ 4 朵聚生于枝顶或与叶对生，长约 2 cm，青黄色，下垂；花蕾披针形；萼片三角形，被微毛；外轮花瓣狭而厚，肉质，长圆形，顶端急尖，被微毛，镊合状排列，内轮花瓣极小，退化成鳞片状，被微毛；雄蕊长圆形，药隔宽，顶端近截形；心皮长圆形，无毛，柱头卵状披针形，每心皮有胚珠 1 颗。果实由多数圆形或椭圆形的成熟心皮微相连，易于分开而成的聚合浆果圆球状或心状圆锥形，直径 5 ～ 10 cm，无毛，黄绿色，外面被白色粉霜。花期 5 ～ 6 月，果期 6 ～ 11 月。

[生境与分布]

生于各类土壤，适应性都很强，但于以砂质土或沙壤土最佳。分布于浙江、台湾、福建、广东、广西和云南等地。

[资源开发与利用现状]

果实外形酷似荔枝，故名 "番荔枝"，可食用，为热带地区著名水果，含蛋白质约 2.34%，含脂肪约 0.3%，含糖类约 20.42%；果实还可治疗恶疮肿痛，具有补脾的功效；种子含油量达 20%；树皮纤维可造纸；根可药用，主治急性赤痢、精神抑郁、脊髓骨病。

◎瓜馥木属

3.5.2 白叶瓜馥木 *Fissistigma glaucescens* （Hance） Merr.

[别名]

大棕古猩峡、大样酒饼藤、火索藤

[形态特征]

攀缘灌木，长达 3 m；枝条无毛。叶近革质，长圆形或长圆状椭圆形，有时倒卵状长圆形，长 3.0～19.5 cm，宽 1.2～5.5 cm，顶端通常圆形，少数微凹，基部圆形或钝形，两面无毛，叶背面白绿色，干后苍白色；侧脉每边 10～15 条，表面稍突起，背面突起；叶柄长约 1 cm。花数朵集成聚伞式的总状花序，花序顶生，长达 6 cm，被黄色茸毛；萼片阔三角形，长约 2 mm；外轮花瓣阔卵圆形，长约 6 mm，被黄色柔毛，内轮花瓣卵状长圆形，长约 5 mm，外面被白色柔毛；药隔三角形；心皮约 15 个，被褐色柔毛，花柱圆柱状，柱头顶端 2 裂，每心皮有胚珠 2 颗。果圆球状，直径约 8 mm，无毛。花期 1～9 月，果期几乎全年。

[生境与分布]

生于山地林中，为常见植物。分布于广西、广东、福建和台湾等地。

[资源开发与利用现状]

根可供药用，有活血、除湿的功效，主治风湿和痨伤；茎皮纤维坚韧，广西民间用来做绳索和点火绳用；广东民间有取叶做酒饼药。

◎瓜馥木属

3.5.3 瓜馥木 *Fissistigma oldhamii*（Hemsl.）Merr.

[别名]

小香花藤、藤龙眼、降香藤

[形态特征]

攀缘灌木，长约 8 m；小枝被黄褐色柔毛。叶革质，倒卵状椭圆形或长圆形，长 6.0～12.5 cm，宽 2～5 cm，顶端圆形或微凹，有时急尖，基部阔楔形或圆形，表面无毛，背面被短柔毛，老渐几无毛；侧脉每边 16～20 条，上面扁平，下面突起；叶柄长约 1 cm，被短柔毛。花长约 1.5 cm，直径 1.0～1.7 cm，1～3 朵集成密伞花序；总花梗长约 2.5 cm；萼片阔三角形，长约 3 mm，顶端急尖；外轮花瓣卵状长圆形，长约 2.1 cm，宽约 1.2 cm，内轮花瓣长约 2 cm，宽约 6 mm；雄蕊长圆形，长约 2 mm，药隔稍偏斜三角形；心皮被长绢质柔毛，花柱稍弯，无毛，柱头顶端 2 裂，每心皮有胚珠约 10 颗，2 排。果圆球状，直径约 1.8 cm，密被黄棕色茸毛；种子圆形，直径约 8 mm；果柄长不及 2.5 cm。花期 4～9 月，果期 7 月至翌年 2 月。

[生境与分布]

生于低海拔山谷、水旁的灌木丛中。分布于浙江、江西、福建、台湾、湖南、广东、广西、云南等地。

[资源开发与利用现状]

茎皮纤维可编麻绳、麻袋和造纸；花可提制瓜馥木花油或浸膏，可作为调制化妆品、皂用香精的原料；种子油供工业用油和调制化妆品；根可药用主治跌打损伤和关节炎；果成熟时味甜，去皮可食用，略麻口。

◎ 瓜馥木属

3.5.4 香港瓜馥木 *Fissistigma uonicum*（Dunn）Merr.

[别名]

角洛子藤、大酒饼子、打鼓藤、山龙眼藤

[形态特征]

攀缘灌木，除果实和叶背被稀疏柔毛外无毛。叶纸质，长圆形，长 4 ～ 20 cm，宽 1 ～ 5 cm，顶端急尖，基部圆形或宽楔形，叶背淡黄色，干后红黄色；侧脉在叶表面稍突起，在叶背面突起。花黄色，有香气，1 ～ 2 朵聚生于叶腋；花梗长约 2 cm；萼片卵圆形；外轮花瓣比内轮花瓣长，无毛，卵状三角形，长约 2.4 cm，宽约 1.4 cm，厚，顶端钝，内轮花瓣狭长，长约 1.4 cm，宽约 6 mm；药隔三角形；心皮被柔毛，柱头顶端全缘，每心皮有胚珠 9 颗。果圆球状，直径约 4 cm，成熟时黑色，被短柔毛。花期 3 ～ 6 月，果期 6 ～ 12 月。

[生境与分布]

生于丘陵山地林中。分布于广西、广东、湖南和福建等地。

[资源开发与利用现状]

叶可做酒饼药；根和藤茎可入药，性温、味辛，具有祛风除湿、活血止痛的功效；果味甜，可食。

◎假鹰爪属

3.5.5 假鹰爪 *Desmos chinensis* Lour.

[别名]

鸡爪笼、鸡爪木、鸡爪风、鸡爪香、鸡爪珠、鸡香草、五爪龙、灯笼草、山指甲、狗牙花、酒饼藤、双柱木、黑节竹、碎骨藤、复轮藤、波蔗、朴蛇、半夜兰

[形态特征]

直立或攀缘灌木，有时上枝蔓延，除花外，全株无毛；枝皮粗糙，有纵条纹，有灰白色突起的皮孔。叶薄纸质或膜质，长圆形或椭圆形，少数为阔卵形，长 4 ～ 13 cm，宽 2 ～ 5 cm，顶端钝或急尖，基部圆形或稍偏斜，表面有光泽，背面粉绿色。花黄白色，单朵与叶对生或互生；花梗长 2.0 ～ 5.5 cm，无毛；萼片卵圆形，长 3 ～ 5 mm，外面被微柔毛；外轮花瓣比内轮花瓣大，长圆形或长圆状披针形，长约 9 cm，宽约 2 cm，顶端钝，两面被微柔毛，内轮花瓣长圆状披针形，长约 7.0 cm，宽约 1.5 cm，两面被微毛；花托突起，顶端平坦或略凹陷；雄蕊长圆形，药隔顶端截形；心皮长圆形，长 1.0 ～ 1.5 mm，被长柔毛，柱头近头状，向外弯，顶端 2 裂。果有柄，念珠状，长 2 ～ 5 cm，内有种子 1 ～ 7 颗；种子球状，直径约 5 mm。花期夏季至冬季，果期 6 月至翌年春季。

[重磅与分布]

生于丘陵山坡、林缘灌木丛中，或低海拔旷地、荒野及山谷等地。分布于广东、广西、云南和贵州等地。

[资源开发与利用现状]

根、叶可药用，主治风湿骨痛、产后腹痛、跌打、皮癣等；兽医用作治疗牛膨胀、肠胃积气、牛伤食宿草不转等；茎皮纤维可作人造棉和造纸原料，亦可代麻制绳索；海南民间有用其叶制酒饼，故有"酒饼叶"之称。

◎紫玉盘属

3.5.6 紫玉盘 *Uvaria macrophylla* Roxburgh

[别名]

油椎（广州）、蕉藤（广东茂名）；牛老头（广东文昌、澄迈、琼海）、山芭豆（广东万宁）、广肚叶（广东宝安）、行蕉果（广东新会）；草乌（广东澄迈）、缸瓮树（广东肇庆）；牛荙子（广东湛江）、牛刀树（广东潮安、惠来、普宁）、山梗子（广东乐昌）、酒饼木（广西岭溪）；石龙叶（广西梧州）、小十八风藤

[形态特征]

直立灌木，高约 2 m，枝条蔓延性；幼枝、幼叶、叶柄、花梗、苞片、萼片、花瓣、心皮和果均被黄色星状柔毛，老渐无毛或几无毛。叶革质，长倒卵形或长椭圆形，长 10 ～ 23 cm，宽 5 ～ 11 cm，顶端急尖或钝，基部近心形或圆形；侧脉每边约 13 条，表面凹陷，背面突起。花 1 ～ 2 朵，与叶对生，暗紫红色或淡红褐色，直径 2.5 ～ 3.5 cm；花梗长 2 cm 以下；萼片阔卵形；花瓣内外轮相似，卵圆形，长约 2 cm，宽约 1.3 cm，顶端圆或钝；雄蕊线形，药隔卵圆形，无毛，最外面的雄蕊常退化为倒披针形的假雄蕊；心皮长圆形或线形，长约 5 mm，柱头马蹄形，顶端 2 裂而内卷。果卵圆形或短圆柱形，长 1 ～ 2 cm，直径约 1 cm，暗紫褐色，顶端有短尖头；种子圆球形。花期 3 ～ 8 月，果期 7 月至翌年 3 月。

[生境与分布]

生于低海拔灌木丛中或丘陵山地疏林中。分布于广西、广东和台湾等地。

[资源开发与利用现状]

茎皮纤维坚韧，可编织绳索或麻袋。根可药用，还可治疗风湿、跌打损伤、腰腿痛等；叶可止痛消肿，兽医用作治牛臌胀，可健胃，促进反刍，还可治疗跌打肿痛。

3.6　橄榄科

◎橄榄属

3.6.1　橄榄 *Canarium album*（Lour.）DC.

[别名]

　　黄榄，青果，山榄、白榄，红榄、青子、谏果、忠果（古称）

[形态特征]

　　乔木，高 10 ～ 25（35）m，胸径可达 150 cm。小枝粗 5 ～ 6 mm，幼部被黄棕色绒毛，很快变无毛；髓部周围有柱状维管束，稀在中央也有若干维管束。有托叶，仅芽时存在，着生于近叶柄基部的枝干上。小叶 3 ～ 6 对，纸质至革质，披针形或椭圆形（至卵形），长 6 ～ 14 cm，宽 2.0 ～ 5.5 cm，无毛或在背面叶脉上散生刚毛，背面有极细小疣状突起；先端渐尖至骤狭渐尖，尖头长约 2 cm，钝；基部楔形至圆形，偏斜，全缘；侧脉 12 ～ 16 对，中脉发达。花序腋生，微被茸毛至无毛；雄花序为聚伞圆锥花序，长 15 ～ 30 cm，多花；雌花序为总状，长 3 ～ 6 cm，具花 12 朵以下。花疏被绒毛至无毛，雄花长 5.5 ～ 8.0 mm，雌花长约 7 mm；花萼长 2.5 ～ 3.0 mm，在雄花上具 3 浅齿，在雌花上近截平；雄蕊 6，无毛，花丝合生 1/2 以上（在雌花中几全长合生）；花盘在雄花中球形至圆柱形，高 1.0 ～ 1.5 mm，微 6 裂，中央有穴或无，上部有少许刚毛；在雌花中环状，略具 3 波状齿，高约 1 mm，厚肉质，内面有疏柔毛。雌蕊密被短柔毛；在雄花中细小或缺。果序长 1.5 ～ 15.0 cm，具 1 ～ 6 果；果萼扁平，直径约 0.5 cm，萼齿外弯。果卵圆形至纺锤形，横切面近圆形，长 2.5 ～ 3.5 cm，无毛，成熟时黄绿色；外果皮厚，干时有皱纹；果核渐尖，横切面圆形至六角形，在钝的肋角和核盖之间有浅沟槽，核盖有稍突起的中肋，外面浅波状；核盖厚 1.5 ～ 2.0（3.0）mm。种子 1 ～ 2 个，不育室稍退化。花期 4 ～ 5 月，果期 10 ～ 12 月。

[生境与分布]

生于海拔 1 300 m 以下的沟谷和山坡杂木林中。分布于福建、台湾、广东、广西、云南等地。

[资源开发与利用现状]

很好的防风及行道树种。木材可造船、做枕木，可作为制家具、农具及建筑用材等；果可生食或渍制，药用可主治喉头炎、咳血、烦渴、肠炎腹泻；核供雕刻，兼药用，主治鱼骨鲠喉；种仁可食，也可榨油；油用于制肥皂或做润滑油。

3.7　海桐科

◎ 海桐属

3.7.1　海金子 *Pittosporum illicioides* Mak.

[别名]

崖花海桐、崖花子

[形态特征]

常绿灌木，高达 5 m，嫩枝无毛，老枝有皮孔。叶生于枝顶，3 ～ 8 片簇生，假轮生状，薄革质，倒卵状披针形或倒披针形，5 ～ 10 cm，宽 2.5 ～ 4.5 cm，先端渐尖，基部窄楔形，常向下延，表面深绿色，干后仍发亮，背面浅绿色，无毛；侧脉 6 ～ 8 对，在上面不明显，在下面稍突起，网脉在下面明显，边缘平展，或略皱折；叶柄长 7 ～ 15 mm。伞形花序顶生，有花 2 ～ 10 朵，花梗长 1.5 ～ 3.5 cm，纤细，无毛，常向下弯；苞片细小，早落；萼片卵形，长约 2 mm，先端钝，无毛；花瓣长 8 ～ 9 mm；雄蕊长约 6 mm；子房长卵形，被糠粃或有微毛，子房柄短；侧膜胎座 3 个，每个胎座有胚珠 5 ～ 8 个，生于子房内壁的中部。蒴果近圆形，长 9 ～ 12 mm，多少三角形，或有纵沟 3 条，子房柄长 1.5 mm，3 裂，果片薄木质；种子 8 ～ 15 个，长约 3 mm，种柄短而扁平，长约 1.5 mm；果梗纤细，长 2 ～ 4 cm，常向下弯。

[生境与分布]

　　生于肥沃湿润土壤，干旱贫瘠地生长不良；稍耐干旱，颇耐水湿。分布于浙江、江苏、安徽、江西、湖北、湖南、贵州、福建，台湾等地。

[资源开发与利用现状]

　　种子含油提出油脂可制作肥皂，茎皮纤维可造纸。

3.8　红豆杉科

◎榧属

3.8.1　香榧 *Torreya grandis Fort.* et Lindl. 'Merrillii'

[别名]

　　榧树、圆榧、芝麻榧、了木榧、小果榧、米榧、栾泡榧、野杉、药榧、钝叶榧树、凹叶榧

[形态特征]

　　乔木，高达 25 m，胸径 55 cm；树皮浅黄灰色、深灰色或灰褐色，不规则纵裂；一年生枝绿色，无毛，二、三年生枝黄绿色、淡褐黄色或暗绿黄色，稀淡褐色。叶条形，列成两列，通常直，长 1.1 ～ 2.5 cm，宽 2.5 ～ 3.5 mm，先端凸尖，表面光绿色，无隆起的中脉，背面淡绿色，气孔带常与中脉带等宽，

绿色边带与气孔带等宽或稍宽。雄球花圆柱状，长约 8 mm，基部的苞片有明显的背脊，雄蕊多数，各有 4 个花药，药隔先端宽圆有缺齿。种子椭圆形、卵圆形、倒卵圆形或长椭圆形，长 2.0～4.5 cm，直径 1.5～2.5 cm，熟时假种皮淡紫褐色，有白粉，顶端微凸，基部具宿存的苞片，胚乳微皱；初生叶三角状鳞形。花期 4 月，种子翌年 10 月成熟。

[生境与分布]

生于海拔 1 400 m 以下温暖多雨，黄壤、红壤、黄褐土地区。分布于江苏南部、浙江、福建北部、江西北部、安徽南部，西至湖南西南部及贵州松桃等地。

[资源开发与利用现状]

边材白色，心材黄色，纹理直，结构细，硬度适中，有弹性，有香气，不反挠，不开裂，耐水湿，比重 0.56，为建筑、造船、家具等的优良木材；果内种子为著名的干果——香榧，也可榨食用油；其假种皮可提炼芳香油（香榧壳油）。

红豆杉属

3.8.2　南方红豆杉 *Taxus wallichiana* var. *mairei* （Lemee & H. Léveillé）L. K. Fu & Nan Li

[别名]

卷柏、扁柏、红豆树、观音杉

[形态特征]

乔木，高达 30 m，胸径 60～100 cm；树皮灰褐色、红褐色或暗褐色，裂成条片脱落；大枝开展，一年生枝绿色或淡黄绿色，秋季变成绿黄色或淡红褐色，二、三年生枝黄褐色、淡红褐色或灰褐色；冬芽黄褐色、淡褐色或红褐色，有光泽，芽鳞三角状卵形，背部无脊或有纵脊，脱落或少数宿存于小枝的基部。叶排列成两列，条形，微弯或较直，长 1～3 cm，宽 2～4 mm，上部微渐窄，先端常微急尖，稀急尖或渐尖，表面深绿色，有光泽，背面淡黄绿色，有两条气孔带，中脉带上有密生均匀而微小的圆形角质乳头状突起点，常与气孔带同色，稀色较浅。雄球花淡黄色，雄蕊 8～14 枚，花药 4～8。种子生于杯状红色肉质的假种皮中，间或生于近膜质盘状的种托（未发育成肉质假种皮的珠托）之上，常呈卵圆形，上部渐窄，稀倒卵状，长 5～7 mm，直径 3.5～5.0 mm，微扁或圆，上部常具钝棱脊 2，稀上部三角状具钝脊 3，先端有突起的短钝尖头，种脐近圆形或宽椭圆形，稀三角状圆形。

[分布]

生于海拔 1 200 m 以上的高山上部。我国特有树种，分布于甘肃南部、陕西南部、四川、云南东北部及东南部、贵州西部及东南部、湖北西部、湖南东北部、广西北部和安徽南部等地。

[资源开发与利用现状]

红豆杉心材橘红色，边材淡黄褐色，纹理直，结构细，比重 0.55～0.76，坚实耐用，干后少开裂，可作建筑、车辆、家具、器具、农具及文具等用材。

3.9 胡颓子科

◎ 胡颓子属

3.9.1 胡颓子 *Elaeagnus pungens* Thunb.

[别名]

羊奶子、牛奶子、牛奶子根、三月枣、柿模、半春子、四枣、石滚子、甜棒子、雀儿酥、卢都子、半含春、蒲颓子、苗代茱萸

[形态特征]

常绿直立灌木；幼枝微扁棱形，密被锈色鳞片，老枝鳞片脱落，黑色，具光泽。叶革质，椭圆形或阔椭圆形，稀矩圆形，两端钝形或基部圆形，边缘微反卷或皱波状，表面幼时具银白色和少数褐色鳞片，成熟后脱落，具光泽，干燥后褐绿色或褐色，背面密被银白色和少数褐色鳞片，侧脉 7 ～ 9 对，与中脉开展成 50° ～ 60° 的角，近边缘分叉而互相连接，表面显著突起，背面不甚明显，网状脉在上面明显，下面不清晰；叶柄深褐色。花白色或淡白色，下垂，密被鳞片，1 ～ 3 花生于叶腋锈色短小枝上；萼筒圆筒形或漏斗状圆筒形，在子房上骤收缩，裂片三角形或矩圆状三角形，顶端渐尖，内面疏生白色星状短柔毛；雄蕊的花丝极短，花药矩圆形；花柱直立，无毛，上端微弯曲，超过雄蕊。果实椭圆形，幼时被褐色鳞片，成熟时红色，果核内面具白色丝状棉毛；果梗长 4 ～ 6 mm。花期 9 ～ 12 月，果期次年 4 ～ 6 月。

[生境与分布]

生于海拔 1 000 m 以下的向阳山坡或路旁。分布于江苏、浙江、福建、安徽、江西、湖北、湖南、贵州、广东、广西等地。

[资源开发与利用现状]

种子、叶和根可入药，种子可止泻，叶主治肺虚短气，根主治吐血，煎汤

可洗疮疥，有一定疗效；果实味甜，可生食，也可酿酒和熬糖；茎皮纤维可造纸和人造纤维板。

◎ 胡颓子属

3.9.2　角花胡颓子 *Elaeagnus gonyanthes* Benth.

[别名]

假酸甜

[形态特征]

常绿攀缘灌木，常无刺；幼枝纤细伸长，密被棕红色或灰褐色鳞片，老枝鳞片脱落，灰褐色或黑色，具光泽。叶革质，椭圆形或矩圆状椭圆形，顶端钝形或钝尖，基部圆形或近圆形，稀窄狭，边缘微反卷，表面幼时被锈色鳞片，成熟后脱落，具光泽，干燥后多少带绿色，背面棕红色，稀灰绿色，具锈色或灰色鳞片，侧脉 7 ～ 10 对，近边缘分叉而互相连接，两面均显著突起，网状脉在表面明显，背面不明显；叶柄锈色或褐色。花白色，被银白色和散生褐色鳞片，单生新枝基部叶腋，幼时有时数花簇生新枝基部，每花下有苞片 1，花后发育成叶片；萼筒四角形（角柱状）或短钟形，在上面微收缩，基部膨大后在子房上明显骤收缩，裂片卵状三角形，顶端钝尖，内面具白色星状鳞毛，包围子房的萼管矩圆形或倒卵状矩圆形；雄蕊 4，花丝比花药短，花药矩圆形；花柱直立，无毛，上端弯曲，达裂片的 1/2 以上，柱头粗短。果实阔椭圆形或倒卵状阔椭圆形，直径约为长的 1/2，幼时被黄褐色鳞片，成熟时黄红色，顶端常有干枯的萼筒宿存；果梗直立或稍弯曲。花期 10 ～ 11 月，果期翌年 2 ～ 3 月。

[生境与分布]

生于海拔 1 000 m 以下的热带和亚热带地区。分布于湖南南部、广东、广西、云南。

[资源开发与利用现状]

全株均可入药，主治痢疾、跌打、瘀积。果实可食，具有生津止渴的功效，主治肠炎、腹泻；叶主治肺病、支气管哮喘、感冒咳嗽。

◎ 胡颓子属

3.9.3 蔓胡颓子 *Elaeagnus glabra* Thunb.

[别名]

藤胡颓子、抱君子

[形态特征]

常绿蔓生或攀缘灌木，高达 5 m，无刺，稀具刺；幼枝密被锈色鳞片，老枝鳞片脱落，灰棕色。叶革质或薄革质，卵形或卵状椭圆形，稀长椭圆形，长 4 ～ 12 cm，宽 2.5 ～ 5.0 cm，顶端渐尖或长渐尖、基部圆形，稀阔楔形，边缘全缘，微反卷，表面幼时具褐色鳞片，成熟后脱落，深绿色，具光泽，干燥后褐绿色，背面灰绿色或铜绿色，被褐色鳞片，侧脉 6 ～ 8 对，与中脉开展成 50° ～ 60° 的角，表面明显或微凹下，背面突起；叶柄棕褐色。花淡白色，下垂，密被银白色和散生少数褐色鳞片，常 3 ～ 7 花密生于叶腋短小枝上成伞形总状花序；花梗锈色；萼筒漏斗形，质较厚，在裂片下面扩展，向基部渐窄狭，在子房上不明显收缩，裂片宽卵形，顶端急尖，内面具白色星状柔毛；雄蕊的花丝长不超过 1 mm，花药长椭圆形；花柱细长，无毛，顶端弯曲。果实矩圆形，稍有汁，被锈色鳞片，成熟时红色。花期 9 ～ 11 月，果期翌年 4 ～ 5 月。

[生境与分布]

生于海拔 1 000 m 以下的向阳林中或林缘。分布于江苏、浙江、福建、台湾、安徽、江西、湖北、湖南、四川、贵州、广东、广西等地。

[资源开发与利用现状]

果可食用或酿酒，含有丰富的茄红素；叶具有收敛止泻、平喘止咳的功效；根可行气止痛，主治风湿骨痛、跌打肿痛、肝炎、胃病；茎皮可代麻、造纸、造人造纤维板，具有一定的园林绿化和观赏应用潜力。

◎ 胡颓子属

3.9.4　密花胡颓子 *Elaeagnus conferta* Roxb.

[别名]

[形态特征]

　　常绿攀缘灌木，无刺；幼枝略扁，银白色或灰黄色，密被鳞片，老枝灰黑色。叶纸质，椭圆形或阔椭圆形，顶端钝尖或骤渐尖，尖头三角形，基部圆形或楔形，全缘，表面幼时被银白色鳞片，成熟后脱落，干燥后深绿色，背面密被银白色和散生淡褐色鳞片，侧脉 5 ～ 7 对，弧形向上弯曲，两面均明显，细脉不甚明显；叶柄淡黄色。花银白色，外面密被鳞片或鳞毛，多花簇生叶腋短小枝上成伞形短总状花序，花枝极短，花序比叶柄短；每花基部具小苞片 1，苞片线形，黄色，比花梗长；花梗极短；萼筒短小，坛状钟形，在裂片下面急收缩，子房上先膨大后明显骤收缩，裂片卵形，开展，顶端钝尖，内面散生白色星状柔毛，包围子房的萼管细小，卵形；雄蕊的花丝与花药等长或稍长，花药细小，矩圆形，花柱直立，疏生白色星状柔毛，稍超过雄蕊，达裂片中部，向上渐细小，柱头顶端弯曲。果实大，长椭圆形或矩圆形，直立，成熟时红色；果梗粗短。花期 10 ～ 11 月，果期翌年 2 ～ 3 月。

[生境与分布]

　　多生于海拔 50 ～ 1 500 m 的热带密林中。分布于云南南部和西南、广西西南等地。

[资源开发与利用现状]

　　果实营养成分丰富，既可鲜食，也可加工成果脯、果干、罐头等，还可用于中药材或膳食材料。而密花胡颓子果实较其他胡颓子植物大，可食率高，是不可多得的优良果用和药用植物资源。其种子富含脂肪油，可作为工业用油的原料；花芳香，是提取芳香油的材料，同时也是优良的蜜源植物；茎皮富含纤维，可造纸或制人造纤维板。

3.10　夹竹桃科

◎ 山橙属

3.10.1　思茅山橙 Melodinus cochinchinensis

[别名]

屈头鸡、山大哥

[形态特征]

攀缘木质藤本，具乳汁，除花序被稀疏的柔毛外，其余无毛。叶近革质，叶深绿色有光泽，基部渐尖或圆形，长 5.0 ～ 9.5 cm，宽 1.8 ～ 4.5 mm，顶端短渐尖。基部渐尖或圆形，叶面深绿色而有光泽；叶柄长约 8 mm。聚伞花序顶生和腋生；花蕾顶端圆形或钝；花白色；花萼长约 3 mm，被微毛；花冠筒长 1.0 ～ 1.4 mm，外被微毛，具双齿；副花冠钟状或筒状，顶端成 5 裂片，伸出花冠喉外；雄蕊着生在花冠筒中部。浆果球形，顶端具钝头。直径 5 ～ 8 cm，成熟时橙黄色或橙红色；种子多数，犬齿状或两侧扁平，长约 8 mm，干时棕褐色。花期 5 ～ 11 月，果期 8 月至翌年 1 月。

[生境与分布]

生于丘陵、山谷，攀缘树木或石壁上。分布于广东、广西等地。

[资源开发与利用现状]

果实不宜直接食用，但可作药用，我国民间应用山橙属植物的历史悠久，常用于治疗小儿疝气、小儿疳疾、消化不良、腹痛、睾丸炎、小儿脑膜炎、骨折和风

湿性心脏病等。其中，生物碱类是山橙属植物最重要的活性成分，对多种肿瘤细胞具有显著的细胞毒性，尤其对人白血病细胞、肺癌细胞、肝癌细胞、乳腺癌细胞和结肠癌细胞的抑制作用较明显，药用价值较大。此外，藤皮纤维可编制麻绳、麻袋。

3.11 壳斗科

◎柯属

3.11.1 泥柯 *Lithocarpus fenestratus*（Roxb.）Rehd.

[别名]

华南石栎

[形态特征]

乔木，高达 25 m。幼枝有灰黄色细茸毛，后渐脱落。叶窄椭圆形或卵状披针形，长 9 ～ 18 cm，宽 2.5 ～ 4.5 cm，顶端渐尖或骤尖，基部楔形或宽楔形，全缘，无毛，侧脉 13 ～ 16 对，背面二次侧脉明显；叶柄长 1.0 ～ 1.5 cm。雄花序圆锥状，轴密被黄棕色茸毛；雌花序每 3 朵雌花簇生。果序长 12 ～ 20 cm，果密集，轴比小枝略粗壮，有灰棕色皮孔及疏毛。壳斗扁球形，稀壶形，包坚果 3/4 至全包，直径 1.5 ～ 2.0 cm，高 1.2 ～ 1.8 cm；苞片三角形，贴生或顶部稍张开。坚果扁球形至球形，直径 1.3 ～ 1.8 cm，高 1.0 ～ 1.5 cm，栗色，无毛。果脐微内凹，直径约 1 cm。花期 10 月，果期翌年 10 月。

[生境与分布]

生于海拔 700 ～ 1 500 m 湿润沟谷森林中。分布于云南腾冲、思茅、西双版纳、广西、广东、湖南、福建等地。

[资源开发与利用现状]

果实种仁含大量淀粉、蛋白质、脂肪、单糖等营养物质，可用于食用或加工粉丝、粉皮、酿酒，或加工成糊料、纱浆等，也可作饲料应用。

◎ 柯属

3.11.2　厚鳞柯 *Lithocarpus pachylepis* A. Camus

[别名]

风流果、补肾果、益肾子，马古铎

[形态特征]

乔木，高 10 ～ 20 m，胸径 30 ～ 40 cm，芽鳞被棕色长直毛，当年生枝、叶柄、叶背脉上及花序轴均被分枝的星芒状短毛。嫩叶薄纸质，干后褐黑色，成长叶硬纸质，倒卵状长椭圆形或长椭圆形，长 20 ～ 35 cm，宽 6 ～ 11 cm，顶部钝或短尖，基部宽楔形，叶缘有锯齿状裂齿，中侧脉均凹陷，侧脉每边 25 ～ 30 条，直达齿端，支脉明显，彼此近于平行，两面同色，叶背脉腋上常有丛毛；叶柄长 1.5 ～ 2.5 cm。雄穗状花序单穗腋生或多穗排成圆锥花序；雌花序长 3 ～ 5 cm，雌花每 3 朵一簇，花柱在开花后期长达 3 mm；幼嫩壳斗陀螺状，包着坚果 1/2 以上，成熟壳斗浅盘状或碟状，包着坚果底部，高 15 ～ 30 mm，宽 45 ～ 60 mm，壳壁甚厚，硬，木质，小苞片粗厚的卵状三角形或斜菱形，中央及两边均脊肋状增厚而隆起，略伏贴，顶部钻尖，向壳壁弯垂；坚果幼嫩时宽圆锥形，密被泥黄色细毛，成熟时为甚扁的扁圆形，高 15 ～ 25 mm，宽 40 ～ 65 mm，顶部平坦，中央常微凹，被黄棕色脱落性细伏毛，果壁厚 7 ～ 10 mm，角质，果脐占坚果面积约 1/2 或稍小，稍突起，四周边缘凹陷。花期 4 ～ 6 月，果期 10 ～ 12 月。

[生境与分布]

生于海拔 900 ～ 1 800 m 山地常绿阔叶林中、较干燥坡地。分布于广西东南部以及广东部分山区。

[资源开发与利用现状]

果含有丰富的维生素 A、维生素 B、维生素 C、钙、铁、钾等微量元素，以及蛋白质、碳水化合物、脂肪、纤维素等，可以泡酒、煮水、生吃；坚果鲜木香味，生果仁衣味苦涩，肉甜。

◎栎属

3.11.3 白栎 *Quercus fabri* Hance

[形态特征]

落叶乔木或灌木状，高达 20 m，树皮灰褐色，深纵裂。小枝密生灰色至灰褐色绒毛；冬芽卵状圆锥形，芽长 4～6 mm，芽鳞多数，被疏毛。叶片倒，卵形、椭圆状倒卵形，长 7～15 cm，宽 3～8 cm，顶端钝或短渐尖，基部楔形或窄圆形，叶缘具波状锯齿或粗钝锯齿，幼时两面被灰黄色星状毛，侧脉每边 8～12 条，叶背支脉明显；叶柄长 3～5 mm，被棕黄色茸毛。雄花序长 6～9 cm，花序轴被茸毛，雌花序长 1～4 cm，生 2～4 朵花，壳斗杯形，包着坚果约 1/3，直径 0.8～1.1 cm，高 4～8 mm；小苞片卵状披针形，排列紧密，在口缘处稍伸出。坚果长椭圆形或卵状长椭圆形，直径 0.7～1.2 cm，高 1.7～2.0 cm，无毛，果脐突起。花期 4 月，果期 10 月。

[生境与分布]

生于海拔 50～1 900 m 的丘陵、山地、杂木林中。分布于陕西（南部）、江苏、安徽、浙江、江西、福建、河南、湖北、湖南、广东、广西、四川、贵州、云南等地。

[资源开发与利用现状]

木质坚硬，花纹美观，耐磨耐腐，可作为家具、装修、车辆等用材；其树形优美，可作为园林绿化树种；其坚果为"橡实"的一种，淀粉含量高，能达到淀粉的食用标准，可作为传统的野生木本粮食资源。其在粮食、饲料、医药等方向的研究与应用日益广泛。在福建省有将其用于制作豆腐、粉丝等。果实的虫瘿可入药，主治小儿疳积、大人疝气、急性结膜炎；嫩叶可饲养柞蚕，利用栎木可培养香菇及木耳等。

◎栎属

3.11.4　麻栎 *Quercus acutissima* Carruth

[形态特征]

落叶乔木，高达 30 m，胸径达 1 m，树皮深灰褐色，深纵裂。幼枝被灰黄色柔毛，后渐脱落，老时灰黄色，具淡黄色皮孔。冬芽圆锥形，被柔毛。叶片形态多样，通常为长椭圆状披针形，长 8 ～ 19 cm，宽 2 ～ 6 cm，顶端长渐尖，基部圆形或宽楔形，叶缘有刺芒状锯齿，叶片两面同色，幼时被柔毛，老时无毛或背面脉上有柔毛，侧脉每边 13 ～ 18 条；叶柄长 1 ～ 3 cm，幼时被柔毛，后渐脱落。雄花序常数个集生于当年生枝下部叶腋，有花 1 ～ 3 朵，花柱 30 壳斗杯形，包着坚果约 1/2，连小苞片直径 2 ～ 4 cm，高约 1.5 cm；小苞片钻形或扁条形，向外反曲，被灰白色绒毛。坚果卵形或椭圆形，直径 1.5 ～ 2.0 cm，高 1.7 ～ 2.2 cm，顶端圆形，果脐突起。花期 3 ～ 4 月，果期 9 ～ 10 月。

[重磅与分布]

生于海拔 60 ～ 2 200 m 的山地阳坡，成小片纯林或混交林。分布于辽宁、河北、山西、山东、江苏、安徽、浙江、江西、福建、河南、湖北、湖南、广东、海南、广西、四川、贵州、云南等地。

[资源开发与利用现状]

木材坚硬、耐磨，供机械用材；全木可以截成段木后种植香菇和木耳。可作庭荫树、行道树，抗火、抗烟能力较强，是营造防风林、防火林、水源涵养林的乡土树种。对二氧化硫的抗性和吸收能力较强，对氯气、氟化氢的抗性也较强。其果实及树皮、叶均可入药。树皮味苦涩，性微温，收敛，可止泻；果实可解毒消肿；种子含淀粉和脂肪油，可用作酿酒、饲料和工业原料，油可制肥皂；壳斗、树皮含鞣质，可提取栲胶。

◎栗属

3.11.5　茅栗 *Castanea seguinii* Dode

[形态特征]

　　小乔木或灌木状，通常高 2～5 m，稀达 12 m，冬芽长 2～3 mm，小枝暗褐色，托叶细长，长 7～15 mm，开花仍未脱落。叶倒卵状椭圆形或兼有长圆形的叶，长 6～14 cm，宽 4～5 cm，顶部渐尖，基部楔尖（嫩叶）至圆或耳垂状（成长叶），基部对称至一侧偏斜，背面具黄或灰白色鳞腺，幼嫩时沿叶背脉两侧有疏单毛；叶柄长 5～15 mm。雄花序长 5～12 cm，雄花簇有花 3～5 朵；雌花单生或生于混合花序的花序轴下部，每壳斗有雌花 3～5 朵，通常 1～3 朵发育结实，花柱 9 或 6 枚，无毛；壳斗外壁密生锐刺，成熟壳斗连刺，直径 3～5 cm，宽略过于高，刺长 6～10 mm；坚果长 15～20 mm，宽 20～25 mm，无毛或顶部有疏伏毛。花期 5～7 月，果期 9～11 月。

[生境与分布]

　　生在海拔 400～2 000 m 的丘陵山地，较常见于山坡灌木丛中，与阔叶常绿或落叶树混生。分布于大别山以南、五岭南坡以北各地。

[资源开发与利用现状]

　　果较小，味甜；树势矮化，可作为栗树的砧木，可促进栗品种提早结果，便于矮化密植栽培。

3.11.6 栗 *Castanea molllissima* Blume

[别名]

板栗、栗子、毛栗、油栗

[形态特征]

乔木，高达 20 m，胸径达 80 cm，冬芽长约 5 mm，小枝灰褐色，托叶长圆形，长 10 ～ 15 mm，被疏长毛及鳞腺。叶椭圆至长圆形，长 11 ～ 17 cm，宽稀达 7 cm，顶部短至渐尖，基部近截平或圆，或两侧稍向内弯而呈耳垂状，常一侧偏斜而不对称，新生叶的基部常狭楔尖且两侧对称，叶背被星芒状伏贴茸毛或因毛脱落变为几无毛；叶柄长 1 ～ 2 cm。雄花序长 10 ～ 20 cm，花序轴被毛；花 3 ～ 5 朵聚生成簇，雌花 1 ～ 3（5）朵发育结实，花柱下部被毛。成熟壳斗的锐刺有长有短，有疏有密，密时全遮蔽壳斗外壁，疏时则外壁可见，壳斗连刺直径 4.5 ～ 6.5 cm；坚果高 1.5 ～ 3.0 cm，宽 1.8 ～ 3.5 cm。花期 4 ～ 6 月，果期 8 ～ 10 月。

[生境与分布]

生于海拔 100 ～ 2 500 m 的低山丘陵、缓坡及河滩等地带。喜阳、气候湿润的地区，耐寒、耐旱，喜沙质土壤。分布于除青海、宁夏、新疆、海南等地外的南北各地。

[资源开发与利用现状]

栗除富含淀粉外，还含有单糖与双糖、胡萝卜素、硫胺素、核黄素、烟酸、抗坏血酸、蛋白质、脂肪、无机盐类等营养物质，熟食软糯香甜，生食清脆甘甜，但食用过多易腹胀；也可作为糕点、蜜饯等的添加物。

可作为木材，其心材黄褐色，边材色稍淡，心边材界限不甚分明；纹理直，结构粗，坚硬，耐水湿，属优质材；壳斗及树皮富含没食子类鞣质；叶可作蚕饲料。

◎青冈属

3.11.7 青冈 *Quercus glauca* Thunb.

[别名]

青冈栎、铁椆、紫心木、花哨树、细叶桐

[形态特征]

常绿乔木，高达 20 m，胸径达 1 m。小枝无毛。叶片革质，倒卵状椭圆形或长椭圆形，长 6 ～ 13 cm，宽 2.0 ～ 5.5 cm，顶端渐尖或短尾状，基部圆形或宽楔形，叶缘中部以上有疏锯齿，侧脉每边 9 ～ 13 条，叶背支脉明显，表面无毛，背面有整齐平伏白色单毛，老时渐脱落，常有白色鳞秕；叶柄长 1 ～ 3 cm。雄花序长 5 ～ 6 cm，花序轴被苍色茸毛。果序长 1.5 ～ 3.0 cm，着生果 2 ～ 3 个。壳斗碗形，包着坚果 1/3 ～ 1/2，直径 0.9 ～ 1.4 cm，高 0.6 ～ 0.8 cm，被薄毛；小苞片合生成 5 ～ 6 条同心环带，环带全缘或有细缺刻，排列紧密。坚果卵形、长卵形或椭圆形，直径 0.9 ～ 1.4 cm，高 1.0 ～ 1.6 cm，无毛或被薄毛，果脐平坦或微突起。花期 4 ～ 5 月，果期 10 月。

[生境与分布]

生于海拔 60 ～ 2 600 m 的山坡或沟谷，组成常绿阔叶林或落叶与阔叶常绿混交林。适应性较强，耐阴和耐瘠薄，深根性，直根系，耐干燥，酸性至碱性基岩均可生长。比较耐寒，耐受极端低温 -10℃。分布于陕西、甘肃、江苏、安徽、浙江、江西、福建、台湾、河南、湖北、湖南、广东、广西、四川、贵州、云南等地。

[资源开发与利用现状]

青冈用途广泛，既是重要的园林绿化树种，也可作为防火、防风林、薪炭材、水保树种，更是重要的经济、用材树种；能保持水土、改善土壤肥力，可产生重要的生态效益。木材坚硬、韧度高、干缩较大、耐腐蚀，可做家具、地板等；种子淀粉含量可达 70%，可食；树皮还可提取栲胶。

◎ 锥属

3.11.8 红锥 *Castanopsis hystrix* Hook.f. & Thomson ex A. DC.

[形态特征]

乔木，高达 25 m，胸径达 1.5 m，当年生枝紫褐色，纤细，与叶柄及花序轴相同，均被或疏或密的微柔毛及黄棕色细片状蜡鳞，二年生枝暗褐黑色，无或几无毛及蜡鳞，密生几与小枝同色的皮孔。叶纸质或薄革质，披针形，有时兼有倒卵状椭圆形，长 4 ～ 9 cm，宽 1.5 ～ 4.0 cm，稀较小或更大，顶部短至长尖，基部甚短尖至近于圆，一侧略短且稍偏斜，全缘或有少数浅裂齿，中脉在叶面凹陷，侧脉每边 9 ～ 15 条，甚纤细，支脉通常不显，嫩叶背面至少沿中脉被脱落性的短柔毛兼有颇松散而厚，或较紧实而薄的红棕色或棕黄色细片状腊鳞层；叶柄长很少达 1 cm。雄花序为圆锥花序或穗状花序；雌穗状花序单穗位于雄花序之上部叶腋间，花柱 3 或 2 枚，斜展，长 1.0 ～ 1.5 mm，通常被甚稀少的微柔毛，柱头位于花柱的顶端，增宽而平展，干后中央微凹陷。果序长达 15 cm；壳斗有坚果 1 个，连刺直径 25 ～ 40 mm，稀较小或更大，整齐的 4 瓣开裂，刺长 6 ～ 10 mm，数条在基部合生成刺束，间有单生，将壳壁完全遮蔽，被稀疏微柔毛；坚果宽圆锥形，高 10 ～ 15 mm，横径 8 ～ 13 mm，无毛，果脐位于坚果底部。花期 4 ～ 6 月，果期翌年 8 ～ 11 月。

[生境与分布]

生于湿润、温暖、多雨的季风气候的由花岗岩、变质岩、沙页岩等母岩发育而成的酸性壤土或轻黏土（砖红壤、赤红壤和红壤），不宜种植在沙质土、贫瘠的石砾土、山瘠、土层薄（<50 mm）的重壤土和排水不良的土壤上，亦不宜在石灰岩地区种植。分布于福建东南部（南靖、云霄）、湖南西南部（江华）、广东（罗浮山以西南）、海南、广西、贵州（红水河南段）及云南南部、西藏东南部（墨脱）等地。

[资源开发与利用现状]

材质优良，木材坚硬耐腐；少变形，心材大，褐红色，边材淡红色，色泽和纹理美观，干燥后开裂小，木材质量系数达 23%，材质在栲树属树种中首屈一指，切面光滑，色泽红润美观，胶粘和油漆性能良好，是高级家具、造船、车辆、工艺雕刻、建筑装潢等优质用材。

◎锥属

3.11.9 苦槠 *Castanopsis sclerophylla* （Lindl.）Schott.

[别名]

苦珠

[形态特征]

乔木，高 5 ～ 10 m，稀达 15 m，胸径 30 ～ 50 cm，树皮浅纵裂，片状剥落，小枝灰色，散生皮孔，当年生枝红褐色，略具棱，枝、叶均无毛。叶 2 列，叶片革质，长椭圆形、卵状椭圆形或兼有倒卵状椭圆形，长 7 ～ 15 cm，宽 3 ～ 6 cm，顶部渐尖或骤狭急尖，短尾状，基部近于圆或宽楔形，通常一侧略短且偏斜，叶缘在中部以上有锯齿状锐齿，很少兼有全缘叶，中脉在叶面至少下半段微突起，上半段微凹陷，支脉明显或甚纤细，成长叶叶背淡银灰色；叶柄长 1.5 ～ 2.5 cm。花序轴无毛，雄穗状花序通常单穗腋生，雄蕊 12 ～ 10 枚；雌花序长达 15cm。果序长 8 ～ 15 cm，壳斗有坚果 1 个，偶有 2 ～ 3，圆球形或半圆球形，全包或包着坚果的大部分，不规则瓣状爆裂，小苞片鳞片状，大部分退化并横向连生成脊肋状圆环，或仅基部连生，呈环带状突起，外壁被黄棕色微柔毛；坚果近圆球形，顶部短尖，被短伏毛，果脐位于坚果的底部，子叶平凸，有涩味。花期 4 ～ 5 月，果期 10 ～ 11 月。

[生境与分布]

生于海拔 200 ～ 1 000 m 丘陵或山坡疏或密林中，与杉、樟混生，村边、路旁时有栽培，喜阳光充足，耐旱。分布于长江以南、五岭以北各地，西南地区仅见于四川东部及贵州东北部。

[资源开发与利用现状]

营造生物防火林带工程理想的树种，同时，坚果是制粉条和豆腐的原料，制成的豆腐称为苦槠豆腐。苦槠通气解暑，去滞化瘀，特别是对痢疾和泄泻有独到的疗效。

◎锥属

3.11.10 毛锥 *Castanopsis fordii* Hance

[别名]

南岭栲

[形态特征]

乔木，通常高 8 ～ 15 m，大树高达 30 m，胸径约 1 m。叶长椭圆形或披针形，稀卵形，长 7 ～ 15 cm，宽 2 ～ 5 cm，稀更短或较宽，顶部短尖或渐尖，基部近于圆或宽楔形，有时一侧稍短且偏斜，全缘或有时在近顶部边缘有少数浅裂齿，或两者兼有，中脉在叶面凹陷或上半段凹陷，下半段平坦，侧脉每边 11 ～ 15 条，支脉通常不显，或隐约可见，背面的蜡鳞层颇厚且呈粉末状，嫩叶的为红褐色，成长叶的为黄棕色，或淡棕黄色，很少因蜡鳞早脱落而呈淡黄绿色；叶柄长 1 ～ 2cm，嫩叶叶柄长约 5 mm。雄花穗状或圆锥花序，花单朵密生于花序轴上，雄蕊 10 枚；雌花序轴通常无毛，亦无蜡鳞，雌花单朵散生于长有时达 30 cm 的花序轴上。壳斗通常圆球形或宽卵形，连刺径 25 ～ 30 mm，稀更大，不规则瓣裂，壳壁厚约 1 mm，刺长 8 ～ 10 mm，基部合生或很少合生至中部成刺束，若彼此分离，则刺粗而短且外壁明显可见，壳壁及刺被白灰色或淡棕色微柔毛，或被淡褐红色蜡鳞及甚稀疏微柔毛，每壳斗有 1 坚果；坚果圆锥形，高略过于宽，高 1.0 ～ 1.5 cm，横径 8 ～ 12 mm，或近于圆球形，无毛，果脐在坚果底部。花期 4 ～ 6 月，也有 8 ～ 10 月开花，果次年同期成熟。

[生境与分布]

生于海约拔 1 200 m 以下的山地林中，在山谷或溪流两岸组成小面积纯林，或与刺栲、木荷、甜槠、锥栗、红皮树、豹皮樟等混生。分布于浙江、福建、江西及湖南南部、广东、广西东部等地。

[资源开发与利用现状]

材质坚重，有弹性，结构略粗，纹理直，是南方常见用材树种，用于造船、建筑装饰、包装等。也是栽培木耳的原料。在民间广泛用于止血、止泻及治疗慢性溃疡等。

◎锥属

3.11.11　印度锥 *Castanopsis indica*（Roxburgh ex Lindley）A. DC.

[别名]

坡锥、黄槚、山针槚（海南岛）、印度栲，印度锥栗

[形态特征]

乔木，高 8 ～ 25 m，胸径 15 ～ 60 cm，树皮暗灰黑色，厚，纵裂，当年

生枝、叶柄、叶背及花序轴均被黄棕色短柔毛，二年生枝散生较明显的皮孔。叶厚纸质，卵状椭圆形，椭圆形或有时兼有倒卵状椭圆形，长 9～20 cm，宽 4～10 cm，顶部短尖或渐尖，基部阔楔形或近于圆，一侧略短且稍偏斜，叶缘常自下半部起有锯齿状锐齿，中脉两侧的叶肉部分在叶面微凹陷，背面沿中脉、侧及支脉均被短柔毛，侧脉每边 15～25 条，直达齿端；叶柄长 5～10 mm。雄花序多为圆锥花序，雄蕊 10～12 枚；雌花序长约 40 cm，花柱 3 枚；果序长 10～27 cm，成熟壳斗密集，每壳斗有 1 坚果，偶有 2，壳斗圆球形，连刺径 35～40 mm 或稍较大，整齐的 4 瓣开裂，刺浑圆而劲直，在下部合生成刺束，壳壁为密刺完全遮蔽；坚果阔圆锥形，高与宽几相等或高有时稍过于宽，密被毛，果脐约占坚果面积的 1/4。花期 3～5 月，果期翌年 9～11 月。

[生境与分布]

生于海拔约 1 500 m 以下的山地常绿阔叶林中，常为上层树种。分布于广东、海南、广西、云南各地的南部及西藏东南部（墨脱）等地。

[资源开发与利用现状]

木材暗黄棕色，无宽木射线，心边材区别不明显，材质略坚重，纹理通直，密致，干后不易爆裂，是建筑及制作家具的良材。

3.12　蓝果树科

◎蓝果树属

3.12.1　蓝果树 *Nyssa sinensis* Oliv

[别名]

紫树、萨木、山甜李

[形态特征]

　　落叶乔木，高 20 余米，树皮淡褐色或深灰色，粗糙，常裂成薄片脱落；小枝圆柱形，无毛，当年生枝淡绿色，多年生枝褐色；皮孔显著，近圆形；冬芽淡紫绿色，锥形，鳞片覆瓦状排列。叶纸质或薄革质，互生，椭圆形或长椭圆形，稀卵形或近披针形，长 12 ～ 15 cm，宽 5 ～ 6 cm，稀达 8 cm，顶端短急锐尖，基部近圆形，边缘略呈浅波状，表面无毛，深绿色，干燥后深紫色，背面淡绿色，有很稀疏的微柔毛，中脉和 6 ～ 10 对侧脉均在上面微现，在下面显著；叶柄淡紫绿色，长 1.5 ～ 2.0 cm，上面稍扁平或微呈沟状，下面圆形。花序伞形或短总状，总花梗长 3 ～ 5 cm，幼时微被长疏毛，其后无毛；花单性，雄花着生于叶已脱落的老枝上，花梗长约 5 mm；花萼的裂片细小；花瓣早落，窄矩圆形，较花丝短；雄蕊 5 ～ 10 枚，生于肉质花盘的周围。雌花生于具叶的幼枝上，基部有小苞片；花萼的裂片近全缘；花瓣鳞片状，约长 1.5 mm，花盘垫状，肉质；子房下位，和花托合生，无毛或基部微有粗毛。核果矩圆状椭圆形或长倒卵圆形，稀长卵圆形，微扁，长 1.0 ～ 1.2 cm，宽 6 mm，厚 4 ～ 5 mm，幼时紫绿色，成熟时深蓝色，后变深褐色，常 3 ～ 4 枚；果梗长 3 ～ 4 mm，总果梗长 3 ～ 5 cm；种子外壳坚硬，骨质，稍扁，有纵沟纹 5 ～ 7 条。花期 4 月下旬，果期 9 月。

[生境与分布]

　　生于海拔 300 ～ 1700 m 的山谷或溪边潮湿混交林中。喜光，喜温暖湿润气候，根系发达，较耐干旱瘠薄，耐寒性、抗雪压强，有较好的耐阴性，在红壤、黄壤、黄棕壤等中性偏酸的肥沃土壤上生长迅速。分布于江苏南部、浙江、安徽南部、江西、湖北、四川东南部、湖南、贵州、福建、广东、广西、云南等地。

[资源开发与利用现状]

　　蓝果树是季节性彩叶植物，果熟时呈深蓝色，形态美观；木材淡黄色，结构细匀，材质轻软适中，是制造家具、建筑物和室内装饰的好材料；树皮可入药，树皮中提取的蓝果碱有抗癌作用；果熟后酸甜，可加工为蓝果酒。

3.13 蓼科

◎蓼属

3.13.1 火炭母 *Persicaria chinense*（L.）H. Gross

[别名]

翅地利、火炭星、火炭藤、白饭藤、信饭藤

[形态特征]

多年生草本,基部近木质;根状茎粗壮。茎直立,高70～100 cm,通常无毛,具纵棱,多分枝,斜上。叶卵形或长卵形,长4～10 cm,宽2～4 cm,顶端短渐尖,基部截形或宽心形,边缘全缘,两面无毛,有时背面沿叶脉疏生短柔毛,下部叶具叶柄,叶柄长1～2 cm,通常基部具叶耳,上部叶近无柄或抱茎;托叶鞘膜质,无毛,长1.5～2.5 cm,具脉纹,顶端偏斜,无缘毛。头状花序,通常数个排成圆锥状,顶生或腋生,花序梗被腺毛;苞片宽卵形,每苞内具1～3花;花被5深裂,白色或淡红色,裂片卵形,果时增大,呈肉质,蓝黑色;雄蕊8,比花被短;花柱3,中下部合生。瘦果宽卵形,具3棱,长3～4 mm,黑色,无光泽,包于宿存的花被。花期7～9月,果期8～10月。

[生境与分布]

生于海拔30～2 400 m的山谷湿地、山坡草地。分布于华东、华中、华南和西南地区,以及陕西南部、甘肃南部等地。

[资源开发与利用现状]

根状茎发达,具有蔓生性,可作园林垂直绿化材料,适合再庭园、花径或建筑物周围栽植,颇有野趣;也可栽植在消落带砾石、块石生境中,在洪水后能快速返青覆盖裸露的岩石,是湿地尤其是消落带绿化的优良植物。

◎蓼属

3.13.2 扛板归 *Persicaria perfoliata*（L.）H. Gross

[别名]

刺犁头、老虎利、老虎刺、犁尖草

[形态特征]

多年生蔓性草本，全体无毛；茎攀缘，有纵棱，棱上有稀疏的倒生钩刺，多分枝，绿色，有时带红色，长1～2m。叶互生，近于三角形，长3～7cm，宽2～5cm，淡绿色，有倒生皮刺盾状着生于叶片的近基部，有时叶缘亦散生钩刺；叶柄盾状着生，几与叶片等长，有倒生钩刺；托鞘叶状，草质，绿色，圆形或卵形，穿叶，包茎，直径1.5～3.0cm。总状花序呈短穗状，顶生或生于上部叶腋，花小，长1～3cm，多数；具苞，苞片卵圆形，每苞含2～4朵花；花被5深裂，白色或淡红紫色，花被片椭圆形，长约3mm，裂片卵形，不甚展开，随果实而增大，变为肉质，深蓝色；雄蕊8，略短于花被；子房卵圆形，花柱3叉状。瘦果球形，直径3～4mm，暗褐色，有光泽，包在蓝色花被内。花期6～8月，果期7～10月。

[生境与分布]

生于荒芜的沟岸、河边及村庄附近。全国均有分布。

[资源开发与利用现状]

全草具有利水消肿、化瘀补血、清热解毒的功效，动物实验表明对肿瘤有抑制作用。

3.14　萝藦科

◎ 鹅绒藤属

3.14.1　地梢瓜 *Cynanchum thesioides*（Freyn）K. Schum.

[别名]

地稍花、女菁、蒿瓜、地瓜飘、蒿瓜子

[形态特征]

多年生草本，高 10 ～ 30 cm；地下茎单轴横生，地上茎多自基部分枝，铺散或倾斜，密被白色短硬毛。叶对生或近对生，线形，先端尖，基部楔形，全缘，向背面反卷，两面被短硬毛，中脉在背面明显隆起，近无柄；长 3 ～ 5 cm，宽 2 ～ 5 mm。伞形聚伞花序腋生，密被短硬毛；花萼外面被柔毛，5 深裂，裂片披针形，先端尖；花冠绿白色，5 深裂，裂片椭圆状披针形，先端钝，外面疏被短硬毛；副花冠杯状，5 深裂，裂片三角状披针形，渐尖，高过药隔的膜片，柱头扁平。蓇葖果单生，狭卵状纺锤形，被短硬毛，先端渐尖，中部膨大，长 5 ～ 6 cm，直径约 2 cm；种子卵形，扁平，暗褐色，长约 8 mm；顶端具白色绢质种毛，长约 2 cm。花期 5 ～ 8 月，果期 8 ～ 10 月。

[生境与分布]

生于海拔 200 ～ 2 000 m 的山坡、沙丘或干旱山谷、荒地、田边等处。分布于黑龙江、吉林、辽宁、内蒙古、河北、河南、山东、山西、陕西、甘肃、新疆和江苏等地。

[资源开发与利用现状]

可药食两用，营养丰富，生长旺盛，病虫害较少，利用期较长，因此被视作饲用植物、绿色食品和营养蔬菜，深受当地居民的青睐。果实及种子可充药用，嫩果实可食用。药名沙奶草，蒙药名斗格奴。味甘，性温，具有通乳和血通经、消炎止痛、止泻的功效。全株含橡胶约 1.5%、含树脂约 3.6%，可作工业原料。

3.15 猕猴桃科

◎猕猴桃属

3.15.1 阔叶猕猴桃 *Actinidia latifolia*（Gardn. et Champ.）Merr.

[别名]

多花猕猴桃、多果猕猴桃、高维果、跳皮羊桃、羊奶奶、羊奶子

[形态特征]

多年生大型落叶藤本；嫩枝条表面有短茸毛，老熟时脱落。纸质叶，表面无毛，背面有灰色或黄褐色短茸毛，呈阔卵形、长卵形或近圆形，顶端短尖至渐尖，基部浑圆或浅心形、截平形和阔楔形，等侧或稍不等侧，边缘具疏生的突尖状硬头小齿。聚伞 3 ～ 4 花，花有香气，直径约 1.5cm；萼片 5 片，淡绿色，瓢状卵形。果呈圆柱形或卵状圆柱形，纵径约 3.5 cm，横径约 2.5 cm，果皮无毛或少量茸毛，绿色，有圆斑；种子纵径约 2.5 mm。花期 5 月上旬至 6 月中旬，果期 11 月。

[生境与分布]

生于地海拔 450 ～ 800 m 的山谷或山沟地带的灌丛中、森林迹地上。分布于四川、安徽、浙江、贵州、云南、台湾、福建、江西、湖南、广西、广东等地。

[资源开发与利用现状]

阔叶猕猴桃果实果肉酸甜，清香可口，营养丰富，被誉为"水果之王"，可加工为果汁及果酱。含有亮氨酸、苯丙氨酸、异亮氨酸、酪氨酸、丙氨酸等十多种氨基酸，以及丰富的矿物质，包括丰富的钙、磷、铁，还含有胡萝卜素和多种维生素。

◎獼猴桃属

3.15.2　毛花獼猴桃 *Actinidia eriantha* Benth.

[别名]

毛冬瓜、白藤梨、毛花杨桃、绵毛獼猴桃

[形态特征]

大型落叶藤本；小枝、叶柄、花序和萼片密被乳白色或浅黄色直展的茸毛或交织压紧的绵毛；叶片软纸质，卵形至阔卵形，顶端短尖至短渐尖，基部圆形、截形或浅心形，边缘具硬尖小齿，腹面草绿色，背面粉绿色，横脉发达，显著可见，网状小脉较疏，较难观察；叶柄短且粗，聚伞 1 ～ 3 花；花序柄长苞片钻形，萼片淡绿色，瓢状阔卵形；花瓣顶端和边缘橙黄色，中央和基部桃红色，倒卵形，花丝纤细，浅红色，花药黄色，长圆形，子房球形，果柱状卵珠形。花期 5 月～ 6 月，果期 11 月。

[生境与分布]

生于海拔 250 ～ 1 000 m 山地上的高草灌木丛或灌木丛林中。分布于中国浙江、福建、江西、湖南、贵州、广西、广东等地。

[资源开发与利用现状]

毛花獼猴桃果实营养极为丰富，维生素的含量很高，比被称为"果中之王"的中华獼猴桃果实所含的维生素 C 高 8 ～ 10 倍，并含有 15 种氨基酸，其中 6 种是人体所必需氨基酸，5 种是人体半必需氨基酸，且氨基酸含量也比中华獼猴桃高，还含钙、镁、铁、锌等多种人体必需的矿物质。其干燥根为道地畲族药白山毛桃根，具有抗肿瘤、抗氧化等功效，是 2005 年版《浙江省中药炮制规范》首次收录的 11 种畲族习用药材之一，主治胃癌、肝硬伴腹水、慢性肝炎、白血病、肠癌、病气、脱肛、子宫脱垂。

3.15.3 美丽猕猴桃 *Actinidia melliana* Hand.-Mazz.

[形态特征]

中果型落叶藤本，着花小枝距状者仅长 2～4 cm，直径约 2 mm，延伸长枝达 30～40 cm，当年枝和隔年枝有锈色长硬毛，皮孔都很显著；叶膜质至坚纸质，隔年叶革质，长披针形、长倒卵形或长椭圆形，长 6～15 cm，宽 2.5～9.0 cm，顶端短渐尖至渐尖，基部浅心形至耳状浅心形，两面的中脉和侧脉有时扩张到腹面的横脉，被稀疏的长硬毛，或腹面较普遍地被长硬毛，背面密被糙伏毛，背面粉绿色，边缘具硬尖小齿，叶柄锈色长硬毛。聚伞花序腋生，花序两回分歧，花可多达 10 朵，花序柄长 3～10 mm，两回分歧，花柄 5～12 mm。苞片钻形，花白色，长 4～5 mm，果期伸长至 6 mm；萼片长方卵形，背面薄被茸毛，长 4～5 mm，背面薄被茸毛；花瓣倒卵形，5 片，长 8～9 mm，宽 5～7 mm，顶端圆形多花丝约 2.5 mm；花药黄色，子房近球形，密被茶褐色茸毛，花柱长约 3 mm。果成熟时秃净，圆柱形，长 16～22 mm，直径 11～15 mm，有显著的疣状斑点，宿存萼片反折。花期 5～6 月，果期 8～10 月。

[生境与分布]

生于海拔 200～800 m 的山地树丛中。分布于广西、广东、海南、湖南、江西等地。

[资源开发与利用现状]

果实富含亮氨酸、苯丙氨酸、异亮氨酸、酪氨酸、丙氨酸等十多种氨基酸，以及丰富的矿物质，包括丰富的钙、磷、铁，还含有胡萝卜素和多种维生素。果实风味甚佳，是猕猴桃种类中最好吃的一种。

◎猕猴桃属

3.15.4　小叶猕猴桃 *Actinidia lanceolata* Dunn

[形态特征]

多年生小型落叶藤本果树。纸质叶，长约 5.0 cm，宽约 2.5 cm，呈长卵圆形或椭圆披针形，顶端短尖，基部钝形，边缘的上半部有小锯齿，表面有少量短茸毛或无毛。着花小枝密被锈褐色短茸毛，隔年枝灰褐色，秃净无毛，叶纸质，卵状椭圆形至椭圆披针形，顶端短尖至渐尖，基部钝形至楔尖，边缘小锯齿，腹面绿色，背面粉绿色，叶柄密被锈褐色茸毛。聚伞 5 ～ 7 花，花序柄长约 4.5 mm；萼片 3 ～ 4 片，卵形或长圆形，表面有锈褐色茸毛；花淡绿色，直径约 1 cm，花瓣 5 片，条状长圆形或瓢状倒卵形，长 4.0 ～ 5.5 mm，雄花的稍较长；花丝 1 ～ 4 mm，花药长圆形，长 1.0 ～ 1.5 mm，雄花的稍较长，子房球形或卵形，直径约 1.5 mm，密被茸毛，花柱下部 1/3 或基部小部分黏连，黏连部分有毛或无毛，木育子房卵形，被毛。果小，绿色，卵形，长 8 ～ 10 mm，秃净，有显著的浅褐色斑点，宿存萼片反折，种子纵径 1.5 ～ 1.8 mm。花期 5 月中旬至 6 月中旬，果期 11 月。

[生境与分布]

生于海拔 200 ～ 800 m 山地上的高草灌丛中或疏林中，以及林缘等环境。分布于浙江、江西、福建、湖南、广东等地。

[资源开发与利用现状]

果实可食用，富含有亮氨酸、苯丙氨酸、异亮氨酸、酪氨酸、丙氨酸等十多种氨基酸，以及丰富的矿物质，包括丰富的钙、磷、铁，还含有胡萝卜素和多种维生素。

◎猕猴桃属

3.15.5 异色猕猴桃 *Actinidia callosa* var. *discolor* C. F. Liang

[形态特征]

大型落叶藤本，小枝坚硬且无毛。叶柄长 2～3 cm，无毛。叶呈倒卵形或矩状椭圆形，无毛，长 6～12 cm，宽 3.5～6.0 cm，顶端急尖，基部阔楔形或钝形，边缘有粗钝的或波状的锯齿，通常上端的锯齿更粗大，两面洁净无毛，脉腋也无髯毛，叶脉发达，中脉和侧脉背面极度隆起，呈圆线形。花序有花 1～3 朵，通常 1 花单生，花序柄 7～15 mm，花柄 11～17 mm。均无毛或有毛。花白色，直径约 15 mm；萼片五片，卵形，长 4～5 mm，花序和萼片两面均无毛，花瓣五片，倒卵形，长 8～10 mm；花丝丝状，长 3～5 mm，花药黄色，卵形箭头状，长 1.5～2.0 mm；子房近球形，高约 3 mm，被灰白色茸毛，花柱比子房稍长。果小，单果重约 10 g，卵珠形或近球形，表面有淡褐色圆斑，果肉墨绿色，味甜微酸。种子黑色，长约 2 mm。

[生境与分布]

生于海拔 1000 m 以下的低山和丘陵的沟谷，或山坡乔木林、灌丛林中和林缘等地。分布于四川、安徽、浙江、湖南、贵州、云南、江西、福建、台湾、广西及广东的清远、韶关等地。

[资源开发与利用现状]

由于该品种果实较小，尚未进行有效的开发利用，粤北农民通常采摘回家泡酒。

◎ 猕猴桃属

3.15.6　长叶猕猴桃 *Actinidia hemsleyana* Dunn

[别名]

粗齿猕猴桃

[形态特征]

大型落叶藤本，当年枝条表面有少量红褐色长硬毛，皮孔不显著；老熟后硬毛脱落或残留少量黑褐色断损硬毛，皮孔明显可见。纸质叶，呈长椭圆形或长披针形，左右两侧不对称，长 8 ~ 20 cm，宽 2 ~ 8 cm，边缘有小锯齿，顶端短尖至钝形，基部楔形至圆形，正面绿色，无毛，背面浅，无毛或有毛，侧脉 8 ~ 9 对，大小叶脉不甚显著至较显著；叶柄长 1.5 ~ 5.0 cm，一般约 2 cm，基本无毛至少量软化长硬毛。伞形花序 1 ~ 3 花，序柄长 5 ~ 10 mm，密被黄褐色绒毛，花柄长 12 ~ 19 mm；苞片钻形，长约 3 mm，均被短茸毛；花淡红色；萼片 5 片，卵形，长约 5 mm，密被黄褐色茸毛；花瓣 5 片，无毛，倒卵形，长约 10 mm；雄蕊与花瓣近等长。果卵状较大，圆柱形长约 3.0 cm，直径约 1.8 cm，幼果表面密被金黄色长茸毛，老熟时变黄褐色，并逐渐脱落；果皮上有无数的疣状斑点；宿存萼片反折；种子纵径约 2 mm。花期 5 月上旬至 6 月上旬，果期 10 月。

[生境与分布]

生在海拔 1 850 m 的山地林或灌木丛中。分布于浙江、福建两省，向内陆分布可到达江西的武夷山。

[资源开发与利用现状]

果实富含维生素、氨基酸和微量元素，具有清热解毒、祛风除湿的功效。叶、根含有许多生物活性物质和其他医药成分，对早期快速生长的肿瘤具有明显抑制作用。

◎ 猕猴桃属

3.15.7 中华猕猴桃 *Actinidia chinensis* Planch.

[别名]

猕猴桃、羊桃、阳桃、红藤梨、白毛桃、公羊桃、公洋桃、鬼桃等

[形态特征]

大型落叶藤本；幼一枝或厚或薄地被有灰白色茸毛或褐色长硬毛或铁锈色硬毛状刺毛，老时秃净或留有断损残毛；花枝短的 4 ~ 5 cm，长的 15 ~ 20 cm，直径 4 ~ 6 mm；隔年枝完全秃净无毛，直径 5 ~ 8 mm，皮孔长圆形，比较显著或不甚显著；髓白色至淡褐色，片层状。叶纸质，倒阔卵形至倒卵形，或阔卵形至近圆形，长 6 ~ 17 cm，宽 7 ~ 15 cm，顶端截平形并中间凹入或具突尖、急尖至短渐尖，基部钝圆形、截平形至浅心形，边缘具脉出的直伸的睫状小齿，腹面深绿色，无毛或中脉和侧脉上有少量软毛或散被短糙毛，背面苍绿色，密被灰白色或淡褐色星状绒毛，侧脉 5 ~ 8 对，常在中部以上分歧成叉状，横脉比较发达，易见，网状小脉不易见；叶柄长 3 ~ 6（10）cm，被灰白色茸毛或黄褐色长硬毛，或铁锈色硬毛状刺毛。聚伞花序 1 ~ 3 花，花序柄长 7 ~ 15 mm，花柄长 9 ~ 15 mm；苞片小，卵形或钻形，长约 1 mm，均被灰白色丝状绒毛或黄褐色茸毛；花初放时白色，开后变淡黄色，有香气，直径 1.8 ~ 3.5 cm；萼片 3 ~ 7 片，通常 5 片，阔卵形至卵状长圆形，长 6 ~ 10 mm，两面密被压紧的黄褐色茸毛；花瓣 5 片，有时少至 3 ~ 4 片或多至 6 ~ 7 片，阔倒卵形，有短距，长 10 ~ 20 mm，宽 6 ~ 17 mm；雄蕊极多，花丝狭条形，长 5 ~ 10 mm，花药黄色，长圆形，长 1.5 ~ 2.0 mm，基部叉开或不叉开；子房球形，直径约 5mm，密被金黄色的压紧交织绒毛或不压紧不交织的刷毛状糙毛，花柱狭条形。果黄褐色，近球形、圆柱形、倒卵形或椭圆形，长 4 ~ 6 cm，被茸毛、长硬毛或刺毛状长硬毛，成熟时秃净或不秃净，具小而多的淡褐色斑点；宿存萼片反折；种子纵径约 2.5 mm。花期 4 ~ 5 月，果期 8 ~ 10 月。

[生境与分布]

生于海拔 200 ～ 600 m 低山区的山林中，喜温暖湿润，背风向阳环境。分布于陕西、河南、安徽、江苏、浙江、湖北、湖南、江西、福建、广东和广西等地。

[资源开发与利用现状]

果实是猕猴桃属中最大的一种，是本属中经济意义最大的一种。果实酸甜适中、营养丰富、风味好，富含维生素、氨基酸及矿物质等。除鲜食外，还广泛用于制作果脯、果汁、果酱、果酒等食品和饮料。整个植株均可药用，根皮、根性寒，味苦涩，具有活血化瘀、清热解毒、利湿驱风的功效，主治乳腺癌、胃癌、痢疾、跌打损伤、风湿性关节炎、肝炎、淋巴结核、水肿等。

3.16　木兰科

◎ 五味子属

3.16.1　黑老虎 *Kadsura coccinea*（Lem.）A. C. Smith

[别名]

冷饭团、过山风、风沙藤、透地连珠、三百两银、红钻、十八症等

[形态特征]

藤本植物，无毛。叶革质，长7～18 cm，宽3～8 cm，长圆形至卵状披针形，先端钝或短渐尖，基部宽楔形或近圆形，全缘，侧脉每边6～7条，网脉不明显；叶柄长1.0～2.5 cm。花单生于叶腋，稀成对，雌雄同株；雄花被片红色，10～16片，中轮最大1片椭圆形，长2.0～2.5 cm，宽约14 mm，最内轮3片明显增厚，肉质；花托长圆锥形，长7～10 mm，顶端具1～20条分枝的钻状附属体。雄蕊群椭圆形或近球形，直径6～7 mm，具雄蕊14～48枚；花丝顶端被两药室包围；花梗长1～4 cm，雌花被片与雄花相似，花柱短钻状，顶端无盾状柱头冠，心皮长圆体形，50～80枚，花梗长5～10 mm。聚合果红色或暗紫色，近球形，直径6～10 cm或更大；小浆果倒卵形，长达4 cm，外果皮革质，不显出种子；种子心形或卵状心形，长1.0～1.5 cm，宽0.8～1.0 cm。花期4～7月，果期7～11月。

[生境与分布]

生于海拔50～1 500 m的山地疏林中。分布于江西、湖南、广东、广西、海南、香港、四川、贵州和云南等地。

[资源开发与利用现状]

可作园林藤本植物，根、茎、果可药用。民间及文献记载主要作为风湿药使用，其根、茎、藤主治风湿疼痛、肠胃炎、感冒、跌打损伤、骨折、疝气、

产后腹痛、痛经等，具有行气止痛、祛风除湿等功效。另外，瑶医认为其具有强筋壮骨、健脾补肾、祛湿、祛风散寒的功效，主治风湿骨痛、肾虚腰痛、肾虚阳痿、骨折等。其植株中分离出的一些木脂素和三萜类化合物可能具有抑制乙肝、艾滋以及乳腺癌、肺癌、前列腺癌、口腔表皮癌、大肠癌的活性的功效。

◎五味子属

3.16.2　华中五味子 *Schisandra sphenanthera* Rehd. et Wils.

[别名]

香苏、红铃子

[形态特征]

落叶木质藤本植物。冬芽、芽鳞具有长缘，毛全株无毛。叶纸质，叶片呈倒卵形、宽倒卵形，或倒卵状长椭圆形，表面深绿色，背面淡灰绿色，略有白点，网脉密致，叶柄为红色，花生于近基部叶腋，花梗纤细，花被片橙黄色，近相似，具缘毛，背面有腺点。雄蕊群倒卵圆形，花托圆柱形，药室内侧向开裂，药隔倒卵形，两药室向外倾斜；雌蕊群卵球形，子房近镰刀状椭圆形，聚合果径约 4 mm，聚合果浆红色，具短柄。种子长圆体形或肾形，种脐斜 "V" 字形，种皮褐色光滑，或仅背面微皱。花期 4～7 月，果期 7～9 月。

[生境与分布]

生于海拔 600～3 000 m 的湿润山坡边、山谷的两侧、灌木林林缘。分布于山西、陕西、甘肃、山东、江苏、安徽、浙江、江西、福建、河南、湖北、湖南、四川、贵州、云南等地。

[资源开发与利用现状]

果供药用，为五味子代用品；种子榨油，可制肥皂或作润滑油。临床用于镇咳、祛痰、强心、抗肝损伤、诱导肝脏药物代谢酶、抗氧化、抗溃疡。

◎五味子属

3.16.3　五味子 *Schisandra chinensis*（Turcz.）Baill.

[别名]

北五味

[形态特征]

落叶木质藤本，除幼叶背面被柔毛及芽鳞具缘毛外余无毛；幼枝红褐色，老枝灰褐色，常起皱纹，片状剥落。叶膜质，宽椭圆形，卵形、倒卵形、宽倒卵形，或近圆形，先端急尖，基部楔形，上部边缘具胼胝质的疏浅锯齿，近基部全缘；侧脉每边 3 ～ 7 条，网脉纤细不明显；叶柄长 1 ～ 4 cm，两侧由于叶基下延成极狭的翅。雄花花梗长 5 ～ 25 mm，中部以下具狭卵形苞片，花被片粉白色或粉红色，6 ～ 9 片，长圆形或椭圆状长圆形，外面的较狭小；雄蕊长约 2 mm，花药长约 1.5 mm，无花丝或外 3 枚雄蕊具极短花丝，药隔凹入或稍凸出钝尖头；雄蕊仅 5（6）枚，互相靠贴，直立排列于长约 0.5 mm 的柱状花托顶端，形成近倒卵圆形的雄蕊群。雌花花被片和雄花相似；雌蕊群近卵圆形，心皮 17 ～ 40，子房卵圆形或卵状椭圆体形，柱头鸡冠状，下端下延成 1 ～ 3 mm 的附属体。聚合果长 1.5 ～ 8.5 cm，聚合果柄长 1.5 ～ 6.5 cm；小浆果红色，近球形或倒卵圆形，直径 6 ～ 8 mm，果皮具不明显腺点。种子 1 ～ 2 粒，肾形，长 4 ～ 5 mm，宽 2.5 ～ 3.0 mm，淡褐色，种皮光滑，种脐明显凹入呈 "U" 形。花期 5 ～ 7 月，果期 7 ～ 10 月。

[生境与分布]

生于海拔 1200 ～ 1700 m 的沟谷、溪旁、山坡的灌木丛中，缠绕在其他林木上生长，喜微酸性腐殖土。产于黑龙江、吉林、辽宁、内蒙古、河北、山西、宁夏、甘肃、山东，华南地区有少量分布。

[资源开发与利用现状]

五味子醇提取物能降低由四氯化碳、硫代乙醇胺等引起的实验动物谷丙转氨酶升高，γ–五味子素（五味子乙素）具抗肝损伤作用。五味子素有广泛的中枢抑制作用，并且有安定作用的特点。五味子有强心作用，其水浸液及稀醇浸液可加强心肌收缩力，增加血管张力。乙醇浸液在体外对炭疽杆菌、金黄色葡萄球菌、白色葡萄球菌、伤寒杆菌、霍乱弧菌等均有抑制作用。

◎ 南五味子属

3.16.4 南五味子 *Kadsura longipedunculata* Finet et Gagnep.

[别名]

红木香、紫金藤、荆皮、盘柱香、内红消、风沙藤、小血藤

[形态特征]

藤本植物，无毛。叶长圆状倒卵状、披针形或卵状长圆形，长 5 ～ 13 cm，宽 2 ～ 6 cm，先端渐尖或尖，基部狭楔形或宽楔形，边有疏齿，侧脉每边 5 ～ 7 条；上面具淡褐色透明腺点，叶柄长 0.6 ～ 2.5 cm。花单生于叶腋，雌雄异株；雄花花被片白色或淡黄色，8 ～ 17 片，中轮最大 1 片，椭圆形；花托椭圆体形，顶端伸长圆柱状，不凸出雄蕊群外；雄蕊群球形，具雄蕊 30 ～ 70 枚；雄蕊药隔与花丝连成扁四方形，药隔顶端横长圆形，药室几与雄蕊等长，花丝极短。花梗长 0.7 ～ 4.5 cm；雌花花被片与雄花相似，雌蕊群椭圆体形或球形，具雌蕊 40 ～ 60 枚；子房宽卵圆形，花柱具盾状心形的柱头冠，胚珠 3 ～ 5 叠生于腹缝线上。花梗长 3 ～ 13 cm。聚合果球形，直径 1.5 ～ 3.5 cm；小浆果倒卵圆形，外果皮薄革质，干时显出种子；种子 2 ～ 3，稀 4 ～ 5，肾形或肾状椭圆形。花期 6 ～ 9 月，果期 9 ～ 12 月。

[生境与分布]

生于海拔 1 000 m 以下的山坡、林中。分布于广东、广西、四川、云南等地。

[资源开发与利用现状]

　　根、茎、叶、种子均可入药。种子为滋补强壮剂和镇咳药，主治神经衰弱、支气管炎等症；茎、叶、果实可提取芳香油；茎皮可作绳索。能上敛肺气，下滋肾阴；对于肺肾两亏所致的久咳虚喘，具有止咳平喘的功效；可用于津少口渴、体弱多汗等症，同时在荨麻疹、皮肤瘙痒症、湿疹、病毒性肝炎等感染性疾病上多有临床应用。

3.17　木通科

◎木通属

3.17.1　木通 *Akebia quinata*（Houtt.）Decne.

包括两亚种：白木通 [*Akebia trifoliata*（Thunb.）Koidz. var. *australis*（Diels）Rehd.] 和长萼三叶木通 [*Akebia trifoliata*（Thunb.）Koidz.]。

[别名]

八月瓜、八月炸、八月楂、野木瓜、山通草、通草、附支、丁翁、三叶拿藤、拿藤、活血藤、甜果木通、爆肚拿、预知子

[形态特征]

落叶木质藤本，全株无毛；皮灰褐色，有稀疏的皮孔及小疣点。叶掌状复叶互生或在短枝上的簇生，小叶 3 ～ 5 片，椭圆形或倒卵形，长 4.0 ～ 7.5 cm，宽 2 ～ 6 cm，先端通常钝或略凹入，具小凸尖，基部截平或圆形，边缘具波状齿或浅裂，表面深绿色，背面浅绿色；侧脉每边 5 ～ 6 条，与网脉同在两面略突起。叶柄较直，长 7 ～ 11 cm，中央小叶柄长 2 ～ 4cm，侧生小叶柄长 6 ～ 12 mm。花色紫，总状花序，长 6 ～ 16cm，基部有雌花 1 ～ 2 朵，以上 15 ～ 30 朵为雄花。总花梗纤细，长约 5 cm。雄花花梗丝状，长 2 ～ 5 mm；萼片 3，淡紫色，阔椭圆形或椭圆形，长 2.5 ～ 3.0 mm；雄蕊 6，离生，排列为杯状，花丝极短，药室在开花时内弯；退化心皮 3，长圆状锥形。雌花花梗稍较雄花的粗，长 1.5 ～ 3.0 cm；萼片 3，紫褐色，近圆形，长 10 ～ 12 mm，宽约 10 mm，先端圆而略凹入，开花时广展反折；退化雄蕊 6 枚或更多，小，长圆形，无花丝；心皮 3 ～ 9 枚，离生，圆柱形，长（3）4 ～ 6 mm，柱头头状，具乳凸，橙黄色。果实颜色及果形各异，长 6 ～ 13 cm，直径 3 ～ 6 cm，直或稍弯，成熟时灰白略带淡紫色；种子多数，着生于白色、多汁的果肉中，种皮红褐色或黑褐色。花期 4 ～ 5 月，果期 7 ～ 8 月。

[生境与分布]

生于海拔 250 ～ 3 600 m 山谷的沟谷旁、密林下、灌丛中或疏林下。分布于云南、贵州、安徽、湖南、四川、浙江、江西、福建、湖北、广西、广东、西藏、海南、台湾、甘肃、陕西等地。

[资源开发与利用现状]

木通枝叶浓密，春花别致，具有一定的观赏价值。果实可直接食用或加工成果脯及酿酒；种子还可榨油；根、茎和果均可入药，是行气活血方中最常用的抗癌中药之一。临床用药中，在治疗血管性疾病、肢体疼痛、精神类疾病、皮肤病、清热利湿、泌尿生殖系统疾病、消化系统疾病等方面均有一定的应用。

◎野木瓜属

3.17.2　瑶山野木瓜 *Stauntonia yaoshanensis* F. N. Wei et S. L. Mo

[别名]

瑶山七姐妹

[形态特征]

常绿木质大藤本。全株无毛；小枝具纵线纹。掌状复叶有小叶 5 ～ 7 片；叶柄长 15 ～ 18 cm；小叶薄革质，长圆形或倒披针状长圆形，长 12 ～ 17 cm，宽 4.0 ～ 6.5 cm，先端急收缩成一长尾尖，尖头长可达 3.5 cm，基部钝或近于圆形，表面绿色，背面淡绿色；基部不明显的三出脉，中脉在上面下陷，下面突起，侧脉每边 7 条，弯拱联结，网脉纤细密集；小叶柄纤细，不等长，长 2.5 ～ 5.5 cm。总状花序腋生，长 12 ～ 19 cm，4 ～ 5 朵花；花雌雄同株，萼片花瓣状，近肉质，淡黄色，内面有紫色条纹。雄花：外轮萼片长 2.0 ～ 2.5 cm，宽 5 ～ 6 mm，内轮的宽约 2 mm；雄蕊 6，全部合生，花丝管长约 3 mm，药室长约 5 mm，顶端具长约 2.5 mm 的角状附属体；退化心皮 3，藏于花丝管内。雌花：外轮萼片长约 3.2 cm，宽约 8 mm，内轮的宽 3.5 ～ 4.0 mm，退化雄蕊 6 枚，线形，长约 2 mm，有时具 2 枚线形的退化花瓣；心皮 3，卵状柱形，柱头偏斜。果长圆形或椭圆形，长可达 14 cm，直径 4 ～ 5 cm，有种子多数。花期 4 月，果期 11 月。

[生境与分布]

生于山地疏林。分布于广西（大瑶山）等地。

[资源开发与利用现状]

未见有开发与实际用途的报道。

◎野木瓜属

3.17.3 野木瓜 *Stauntonia chinensis* DC.

[别名]

牛芽标、山芭蕉、沙引藤、海南野木瓜、七叶莲、假荔枝根、假荔枝、绕绕藤、沙藤

[形态特征]

常绿木质藤本。茎纤细无毛，直径约 3 mm，干时灰褐色或褐色，具线纹。掌状复叶，互生；小叶 5～7，近革质、椭圆形、长圆形或披针状椭圆形，长 7～3 cm，2～5 cm，基部近圆形，先端短渐尖，背面有白粉，老叶背面斑点明显；小叶柄长 1～7 cm，叶柄长 5～12 cm。伞房花序具 3～5 花，淡黄或乳白色，内面有紫斑，总花梗纤细，基部具大苞片，花序长 4～9 cm，数个腋生；花单性，雌雄异株，同型，具异臭，无花瓣；萼片 6，披针形，长达 1.6 cm，内轮 3 枚较小，绿色带紫；雄花雄蕊 6，甚短于萼片，药隔角状体长 2～3 mm，花丝合生；雌花较大，心皮 3，具蜜腺 6，外轮萼片长 2.0～2.5 cm，宽 5～9 mm；不孕雄蕊极小，长约 2 mm；雌蕊圆锥形，柱头乳头状。浆果椭圆形，长约 5 cm，熟时橙黄色至紫红色。花期 3～6 月，果期 7～10 月。

[生境与分布]

生于海拔 500～1 300 m 的山地密林、山腰灌丛或山谷溪边疏林中。分布于广东、广西、香港、湖南、贵州、云南、安徽、浙江、江西、福建等地。

[资源开发与利用现状]

我国特有的药食两用资源，品质优良，含有丰富的蛋白质、糖类、有机酸以及多种维生素与矿物质元素，还有超氧化物歧化酶、多糖、黄酮、皂香等成分，其食用、药用及保健价值突出，被逐渐应用于果汁、果酒、果醋的研究与开发。在临床上主要应用于镇痛抗炎，对腰腿痛、三叉神经痛、偏头痛、肌紧张性头痛、坐骨神经痛、术后镇痛、慢性腰痛、带状疱疹顽固性神经痛、颈臂痛、

肪骨外上髁炎、糖尿病末梢神经炎等有较好的疗效。此外，还用于治疗腰椎间
盘突出、颈椎综合征、腰椎骨质增生、网球肘、面部神经麻痹、臀中肌损伤、
辅助麻醉、痛风等。

◎八月瓜属

3.17.4 五叶瓜藤 *Holboellia angustifolia* Wallich

[别名]

五风藤、五枫藤、紫花牛姆瓜、腊支、黄蜡藤、白果藤、八月果、王月藤、豆子、野梅、预知子、野人瓜、五加藤、狭叶八月瓜

[形态特征]

常绿木质藤本。茎与枝圆柱形,灰褐色,具线纹。掌状复叶有小叶(3)5～7片;叶柄长2～5 cm;小叶近革质或革质,线状长圆形、长圆状披针形至倒披针形,长5～9 cm,宽1.2～2.0 cm,先端渐尖、急尖、钝或圆,有时凹入,基部钝、阔楔形或近圆形,边缘略背卷,表面绿色,有光泽,背面苍白色密布极微小的乳凸;中脉在上面凹陷,在下面突起,侧脉每边6～10条,与基出2脉均至近叶缘处弯拱网结;网脉和侧脉在两面均明显突起或在上面不显著在下面微突起;小叶柄长5～25 mm。花雌雄同株,红色紫红色暗紫色绿白色或淡黄色,数朵组成伞房式的短总状花序;总花梗短,多个簇生于叶腋,基部为阔卵形的芽鳞片所包。雄花:花梗长10～15 mm,外轮萼片线状长圆形顶端钝,内轮的较小;花瓣极小,近圆形,直径不及1 mm;雄蕊直,长约10 mm,花丝圆柱状,药隔延伸为长约0.7 mm的凸头,药室线形,退化心皮小,锥尖。雌花:紫红色;花梗长3.5～5.0 cm,外轮萼片倒卵状圆形或广卵形,长14～16 mm,宽7～9 mm,内轮的较小;花瓣小,卵状三角形;退化雄蕊无花丝,长约0.7 mm;心皮棍棒状,柱头头状,具鳞隙。果紫色,长圆形,长5～9 cm,直径约2 cm,顶端圆而具凸头,干后常呈结肠状;种子椭圆形,长5～8 mm,厚4～5 mm,种皮褐黑色,有光泽。花期4～5月,果期7～8月。

[生境与分布]

生于海拔500～3 000 m的山坡杂木林及沟谷林中。分布于浙江、江西、重庆、西藏、甘肃、云南、贵州、四川、湖北、湖南、陕西、安徽、广西、广东和福建等地。

[资源开发与利用现状]

果实可食用，可酿酒。富含矿质元素、维生素、淀粉等多种营养成分，至少含有17种氨基酸，其中7种为人体必须的氨基酸。其总糖含量、甘氨酸含量、维生素C含量、维生素K含量较高。根药用，主治劳伤咳嗽，果主治肾虚腰痛、疝气；种子含油40%，可榨油，可供制皂用。

3.18　葡萄科

◎蛇葡萄属

3.18.1 粤蛇葡萄 *Ampelopsis cantoniensis*（Hook. et Arn.）Planch.

[别名]

无刺根、山甜藤、赤枝山葡萄、牛牵丝、红血龙、田浦茶等

[形态特征]

木质藤本，小枝圆柱形，有纵棱纹，嫩枝或多或少被短柔毛。卷须2叉分枝，相隔2节间断与叶对生。叶为二回羽状复叶或小枝上部着生有一回羽状复叶，二回羽状复叶者基部一对小叶常为3小叶，侧生小叶和顶生小叶大多形状各异，侧生小叶大小和叶型变化较大，通常卵形、卵椭圆形或长椭圆形，长3～11 cm，宽1.5～6.0 cm，顶端急尖、渐尖或骤尾尖，基部多为阔楔形，上面深绿色，在扩大镜下常可见有浅色小圆点，下面浅黄褐绿色，常在脉基部疏生短柔毛，以后脱落几无毛；侧脉4～7对，下面最后一级网脉显著但不突出，叶柄长2～8 cm，顶生小叶柄长1～3 cm，侧生小叶柄长0～2.5 cm，嫩时被稀疏短柔毛，以后脱落几无毛。花序为伞房状多歧聚伞花序，顶生或与叶对生；花序梗长2～4 cm，嫩时或多或少被稀疏短柔毛，花轴被短柔毛；花梗几无毛；

花蕾卵圆形，顶端圆形；萼碟形，边缘呈波状，无毛；花瓣5，卵椭圆形无毛；雄蕊5，花药卵椭圆形，长略甚于宽；花盘发达，边缘浅裂；子房下部与花盘合生，花柱明显，柱头扩大不明显。果实近球形，直径0.6～0.8 cm，有种子2～4颗；种子倒卵圆形，顶端圆形，基部喙尖锐，种脐在种子背面中部呈椭圆形，背部中棱脊突出，表面有肋纹突起，腹部中棱脊突出，两侧洼穴外观不明显，微下凹，周围有肋纹突出。花期4～7月，果期8～11月。

[生境与分布]

生于海拔100～850 m山谷林中或山坡灌丛。分布于浙江、安徽、福建、江西、河南、湖北、湖南、广东、广西、海南、贵州、云南、西藏、台湾、香港等地。

[资源开发与利用现状]

全株可药用，在江西、广东、广西民间常用作药材，其茎叶常作为"藤茶"的主要品种饮用，具有清热解毒、降血脂和降血压等功效，用于治疗骨髓类、急性淋巴结核、急性乳腺炎、湿疹等疾病；果可酿酒；全株还具观赏绿化价值。

3.19 漆树科

◎南酸枣属

3.19.1 南酸枣 *Choerospondias axillaris* (Roxb.) B. L. Burtt & A. W. Hill

[别名]

啃不死、棉麻树、醋酸果、花心木、鼻涕果、鼻子果、酸枣、五眼睛果、五眼果、山桉果、枣、山枣子、山枣

[形态特征]

高大落叶乔木，高 8～30 m。树皮灰褐色，常片状剥落，小枝具皮孔无毛。奇数羽状复叶互生 25～40 cm，3～6 对，窄长卵形或窄，先端长渐尖，基部宽楔形；全缘或幼株叶边缘具粗锯齿，两面无毛或稀叶背脉腋被毛，侧脉两面突起 8～10 对，网脉细不显，小叶柄长 2～5 mm。花单性或杂性异株，雄花和假两性花组成圆锥花序，雌花单生上部叶腋，被微柔毛或近无毛，花序长 4～10 cm；苞片小，萼片 5，被微柔毛，裂片三角状卵形或阔三角形，先端钝圆，长约 1 mm，边缘具紫红色腺状睫毛，里面被白色微柔毛；花瓣 5，长圆形，长 2.5～3.0 cm，外卷无毛，具褐色脉纹；花丝线形无毛，长约 1.5 mm，花药长圆形，长约 1 mm，花盘无毛；雄蕊 10 枚，与花瓣等长；雌花较大，单生于上部叶腋；花盘 10 裂，无毛；子房卵圆形，无毛，5 室，每室 1 胚珠，花柱离生长约 0.5 mm；核果黄色，椭圆状球形，果径约 2 cm，长 2.5～3.0 cm，中果皮肉质浆状，果核顶端具 5 小孔，长 2.0～2.5 cm，直径 1.2～1.5 cm；种子无胚乳。花期 4 月，果期 8～10 月。

[生境与分布]

生于海拔 300～2 000 m 的山坡、丘陵或沟谷林中，深厚肥沃而排水良好

的酸性或中性土壤。性喜阳光，略耐阴；喜温暖湿润气候，不耐寒，不耐涝。分布于西南地区，两广至华东地区。

[资源开发与利用现状]

南酸枣味道酸甜适中，果可作食药用，富含铁、钾、钠等微量元素和维生素 E 等，具有一定的健脾开胃的功效；可造林；含栲胶，树皮也可入药；果核制炭，茎皮纤维可做绳索。

◎槟榔青属

3.19.2 岭南酸枣 *Allospondias lakonensis*（Pierre）Stapf

[别名]

假酸枣

[形态特征]

落叶乔木，高 8 ～ 15 m；小枝灰褐色，疏被微柔毛，粗 4 ～ 6 mm。叶互生，奇数羽状复叶长 25 ～ 35 cm，有小叶 5 ～ 11 对，叶轴和叶柄圆柱形，疏被微柔毛；小叶对生或互生，长圆形或长圆状披针形，长 6 ～ 10 cm，宽 1.5 ～ 3.0 cm，先端渐尖，基部明显偏斜，阔楔形至圆形，全缘，幼叶叶面疏被微柔毛，后变无毛，叶背脉上或脉腋被微柔毛，叶面干后变暗褐色，侧脉 8 ～ 10 对，斜升，近边缘处弧形弯曲，不形成边缘脉；小叶柄短，长约 2 mm，被微柔毛。圆锥花序腋生，长 15 ～ 25 cm，被灰褐色微柔毛，分枝疏散；苞片小，钻形或卵形，长 0.5 ～ 1.0 mm；被微柔毛；花小，白色，密集于花枝顶端；花梗纤细，长 2.5 ～ 3.5 mm，近基部有关节，被微柔毛；花萼被微柔毛，长约 0.6 mm，近中部 5 齿裂，裂片三角形，先端钝；花瓣长圆形或卵状长圆形，长约 2.5 mm，宽约 1 mm，无毛，具 3 脉，开花时花瓣下倾，先端和边缘内卷；雄蕊 8 ～ 10，花丝线形，长约 2.5 mm，与花瓣等长，花药长圆形，长约 1 mm；花盘无毛，边缘波状；

心皮4，稀5，合生，子房4～5室，花柱1，无毛。核果倒卵状或卵状正方形，长8～10 mm，宽6～7 mm，成熟时带红色，中果皮肉质，味甜可食，果核木质，近正方形，4个侧面略凹，顶端具4角和9个凹点，横切面近正方形，子房室与薄壁组织腔互生，每室具1种子；种子长圆形，种皮膜质。

[生境与分布]

生于向阳山坡疏林中。分布于广西、广东、海南、福建等地。

[资源开发与利用现状]

果酸甜可食，有酒香；种子榨油，可作肥皂；木材软而轻，但不耐腐，适合做家具、箱板等。

◎ 盐麸木属

3.19.3　盐肤木 *Rhus chinensis* Mill.

[别名]

肤连泡、盐酸白、盐肤子、肤杨树、角倍、倍子柴、红盐果、酸酱头、土椿树、盐树根、红叶桃、乌酸桃、乌烟桃、乌盐泡、乌桃叶、木五倍子、山梧桐、五倍子、五倍柴、五倍子树

[形态特征]

落叶小乔木或灌木，高2～10 m；小枝棕褐色，被锈色柔毛，具圆形小皮孔。奇数羽状复叶有小叶（2）3～6对，叶轴具宽的叶状翅，小叶自下而上逐渐增大，叶轴和叶柄密被锈色柔毛；小叶多形，卵形或椭圆状卵形或长圆形，长6～12 cm，宽3～7 cm，先端急尖，基部圆形，顶生小叶基部楔形，边缘具粗锯齿或圆齿，表面暗绿色，背面粉绿色，被白粉，叶面沿中脉疏被柔毛或近无毛，叶背被锈色柔毛，脉上较密，侧脉和细脉在叶面凹陷，在叶背突

起；小叶无柄。圆锥花序宽大，多分枝，雄花序长 30～40 cm，雌花序较短，密被锈色柔毛；苞片披针形，长约 1 mm，被微柔毛，小苞片极小，花白色，花梗长约 1 mm，被微柔毛；雄花花萼外面被微柔毛，裂片长卵形，边缘具细睫毛；花瓣倒卵状长圆形，长约 2 mm，开花时外卷；雄蕊伸出，花丝线形，无毛，花药卵形，长约 0.7 mm；子房不育；雌花花萼裂片较短，外面被微柔毛，边缘具细睫毛；花瓣椭圆状卵形，边缘具细睫毛，里面下部被柔毛；雄蕊极短；花盘无毛；子房卵形，密被白色微柔毛，花柱 3，柱头头状。核果球形，略压扁，直径 4～5 mm，被具节柔毛和腺毛，成熟时红色，果核直径 3～4 mm。花期 8～9 月，果期 10 月。

[生境与分布]

生于海拔 170～2 700 m 的向阳山坡、沟谷、溪边的疏林或灌丛中。除东北地区，内蒙古和新疆外，其余地区均有分布。

[资源开发与利用现状]

五倍子蚜虫寄主植物，在幼枝和叶上形成虫瘿，即五倍子，可供鞣革、医药、塑料和墨水等行业用。幼枝和叶可作土农药；果泡水可代醋用，生食酸咸止渴；种子可榨油；根、叶、花及果均可供药用。

3.20 茜草科

◎巴戟天属

3.20.1 海滨木巴戟 *Morinda citrifolia* L.

[别名]

海巴戟天、海巴戟、橘叶巴戟、檄树

[形态特征]

灌木，高 1 ～ 5 m，茎直，枝为四棱柱形。叶互对生，长圆、椭圆或卵圆形，长 12 ～ 25 cm，两端渐尖，具光泽，全缘，无毛；叶脉两面突起，中脉中央具凹槽，侧脉每侧 6 条，脉腋密被短束毛；叶柄长 5 ～ 20 mm；托叶生叶柄间，每侧各 1 枚，宽，上部扩大呈半圆形，无毛，全缘。果柄长约 2 cm；聚花核果浆果状，卵形，幼时绿色，熟时白色约如初生鸡蛋大，直径约 2.5 cm，每核果具分核 4（2 或 3），分核倒卵形，稍内弯，坚纸质，具二室，上侧室大而空，下侧室狭，具 1 种子；种子小，扁，长圆形，下部有翅；胚直，胚根下位，子叶长圆形；胚乳丰富，质脆。花果期全年。头状花序每一节隔一个，和叶对生，花序梗长 1.0 ～ 1.5 cm；花多数，无梗；萼管彼此间黏合，萼檐近截平；花冠白色，漏斗形，约 1.5cm，喉部密被长柔毛，顶部 5 裂，裂片卵状披针形，长约 6 mm；雄蕊 5，罕 4 或 6，着生花冠喉部，花丝长约 3 mm，花药内向，上半部露出冠口，线形，背面中部着生，长约 3 mm，2 室，纵裂；花柱约与冠管等长，由下向上稍扩大，顶二裂，裂片线形，略叉开，子房 4 室，有时有 1 ～ 2 室不育，每室具胚珠 1 颗，胚珠略扁，其形状随着生部位不同而各异，通常圆形、长圆形或椭圆形，或其他形，横生，下垂或不下垂。

[生境与分布]

生于海滨平地或疏林下，喜高温多雨气候。南方各地均有分布，其中以华南地区及川渝地区最为常见。

[资源开发与利用现状]

　　果实被称为诺丽，可食用，富含蒽醌类、香豆素类、木脂素类、黄酮类、酚酸及其他酚类，以及相当高的生物碱和多种维生素；树干通直，树冠幽雅，常种于庭园；根、茎可提取橙黄色染料，可作印染用；皮含袖木醌二酚、巴戟醌，可用于制药。相当高的生物碱和多种维生素。临床药理研究结果表明，能维护人体细胞组织的正常功能，增强人体免疫力，提高消化道的机能，帮助睡眠及缓解精神压力、减肥和养颜美容。在南太平洋素有"仙果"的美称，被誉为"大自然恩赐给人类的旷世珍品"。

◎山石榴属

3.20.2　山石榴 *Catunaregam spinosa*（Thunb.）Tirveng.

[别名]

　　簕泡木、簕牯树、刺榴、刺子、牛头簕

[形态特征]

　　有刺灌木或小乔木，高 1～10 m，有时呈攀缘状；多分枝，枝粗壮，嫩枝有时有疏毛；刺腋生，对生，粗壮，长 1～5 cm。叶纸质或近革质，对生或簇生于抑发的侧生短枝上，倒卵形或长圆状倒卵形，少为卵形至匙形，长 1.8～11.5 cm，宽 1.0～5.7 cm，顶端钝或短尖，基部楔形或下延，两面无毛或有糙伏毛，或沿中脉和侧脉有疏硬毛，背面脉腋内常有短束毛，边缘常有短缘毛；侧脉纤细，4～7 对，下面稍突起，上面平；叶柄有疏柔毛或无毛；托叶膜质，卵形，顶端芒尖，可脱落。花单生或 2～3 朵簇生于具叶、抑发的侧生短枝的顶部；花梗长 2～5 mm，被棕褐色长柔毛；萼管钟形或卵形，外面被棕褐色长柔毛，檐部稍扩大，顶端 5 裂，裂片广椭圆形，顶端尖，具 3 脉，外面被棕褐色长柔毛，内面被短硬毛；花冠初时白色，后变为淡黄色，钟状，外面密被绢毛，冠管较阔，长约 5 mm，喉部有疏长柔毛，花冠裂片 5，卵形或卵状长圆形，广展，顶端圆；

花药线状长圆形, 伸出, 长约 3 mm; 子房 2 室, 每室有胚珠多颗, 花柱长约 4 mm, 柱头纺锤形, 顶端线 2 裂。浆果大, 球形, 直径 2 ~ 4 cm, 无毛或有疏柔毛, 顶冠以宿存的萼裂片, 果皮常厚; 种子多数。花期 3 ~ 6 月, 果期 5 月至翌年 1 月。

[生境与分布]

生于旷野、丘陵、山坡、山谷沟边的林中或灌丛中。分布于广东、广西、海南、云南、香港、台湾、澳门等地。

[资源开发与利用现状]

木材致密坚硬, 可作为农具、手杖及雕刻用。根、叶作药用; 根有利尿、驳骨、祛风湿的功效, 主治跌打腹痛; 叶可止血; 果亦作药用, 可用作治疗脓肿、溃疡、肿瘤、皮肤病、痔疮、发疹、风湿、支气管炎等症。也有栽植作绿篱。

◎ 腺萼木属

3.20.3 毛腺萼木 *Mycetia hirta* Hutchins.

[形态特征]

灌木, 高 1 ~ 2 m; 茎、枝具长的节间, 小枝被皱卷绒毛, 老枝无毛, 常覆黄白色、光亮的外皮。叶纸质, 长圆状椭圆形或阔披针形, 同一节上的叶常稍不等大, 长 8 ~ 25 cm, 宽 3.5 ~ 9.0 cm, 顶端长渐尖, 基部阔楔尖, 表面被紧贴刚毛状长毛, 背面被皱卷柔毛, 中脉上的毛长而伸展; 侧脉每边 18 ~ 23 条, 上面明显, 下面突起; 叶柄长 1 ~ 3 cm, 密被皱卷长毛; 托叶长圆状披针形至卵形, 长 1 ~ 2 cm, 至少外面中脉和边缘被皱卷长毛。聚伞花序顶生, 有花多朵, 长达 8 cm, 密被皱卷长毛, 总花梗长通常不超过 1.5 cm, 很少达 3 cm; 苞片卵形或披针形, 具有柄腺体; 萼管球状钟形, 密被刚毛状毛, 裂片 5, 三角形, 边缘有具柄腺体或撕裂状, 近短尖, 比萼管稍短; 花冠黄色,

狭管状，冠管圆筒状，长约 6 mm，上部疏被长柔毛，裂片 5，三角形，长约
17.5 mm，顶端稍钝，外面疏被长柔毛；短柱花雄蕊生花冠喉部，花丝短，花
药微伸出，长柱花生冠管近基部，内藏；短柱花的花柱长约 1.5 mm，长柱花
的花柱与冠管近等长，柱头稍伸出。蒴果近球形，直径 3.5 ～ 4.5 mm，成熟时
白色，被毛。花期 6 ～ 7 月，果期 9 ～ 10 月。

[生境与分布]

生于海拔 500 ～ 1 600 m 林下。主要分布于海南岛。

[资源开发与利用现状]

未见有报道。

3.21　蔷薇科

◎红果树属

3.21.1　波叶红果树 *Stranvaesia davidiana* var. *undulate*（Decne.）Rehd. &. Wils.

[形态特征]

波叶红果树为红果树的变种。常绿灌木，高 30 ～ 80 cm，小枝灰白色，
株形低矮，植株常呈披散伏地。其叶片比原变种红果树的叶片小，叶革质有光
泽，叶片椭圆长圆形至长圆披针形，边缘波浪状，故得名波叶红果树；复伞房
花序，直径 5 ～ 9 cm，近无毛；总花梗和花梗均被柔毛，花梗短；苞片与小苞
片均膜质，卵状披针形，早落；花直径 5 ～ 10 mm；萼筒外面有稀疏柔毛；萼
片三角卵形，先端急尖，全缘，长不及萼筒之半，外被少数柔毛；花瓣近圆形，

直径约 4 mm，基部有短爪，白色；雄蕊 20，花药紫红色；花柱 5，大部分连合，柱头头状，比雄蕊稍短；子房顶端被绒毛。果实近球形，橘红色，直径 6 ～ 7 mm；萼片宿存，直立；种子长椭圆形。花期 5 ～ 6 月，果期 9 ～ 10 月。

[生境与分布]

生于海拔 900 ～ 3 000 m 山坡、灌木丛中、河谷、山沟潮湿地区。分布于陕西、河南、湖北、湖南、江西、浙江、广西、广东、四川、贵州、云南、福建等地。

[资源开发与利用现状]

初夏白花繁盛，秋天叶色红艳，秋末红果累累，是具有极高观赏价值的珍贵资源，可在园林中作地被植物。

◎火棘属

3.21.2 火棘 *Pyracantha fortuneana*（Maxim.）L.

[别名]

赤阳子、红子、救命粮、救军粮、救兵粮、火把果

[形态特征]

常绿灌木，高达 3 m；侧枝短，先端成刺状，嫩枝外被锈色短柔毛，老枝暗褐色，无毛；芽小，外被短柔毛。叶片倒卵形或倒卵状长圆形，长 1.5 ～ 6.0 cm，宽 0.5 ～ 2.0 cm，先端圆钝或微凹，有时具短尖头，基部楔形，下延连于叶柄，边缘有钝锯齿，齿尖向内弯，近基部全缘，两面皆无毛；叶柄短，无毛或嫩时有柔毛。复伞房花序，直径 3 ～ 4 cm，花梗和总花梗近于无毛，花梗长约 1 cm；花直径约 1 cm；萼筒钟状，无毛；萼片三角卵形，先端钝；花瓣白色，近圆形，长约 4 mm，宽约 3 mm；雄蕊 20，花丝长 3 ～ 4 mm，花药黄色；花柱 5，离生，与雄蕊等长，子房上部密生白色柔毛。果实近球形，直

径约 5 mm，橘红色或深红色。花期 3 ～ 5 月，果期 8 ～ 11 月。

[生境与分布]

生于海拔 500 ～ 2 800 m 的山地、丘陵、阳坡灌丛、草地及河沟路旁。分布于西南和西北地区，河南、江苏、浙江、福建、湖北、湖南、广西等地。

[资源开发与利用现状]

果实、根、叶均可入药。叶既能清热解毒，还可外敷治疗疮疡肿毒；果实具有健脾、降血脂、抗氧化和美白等多种功效。结实率高，成株果实可达数千粒。果实成熟时呈红色或橙色，光鲜艳丽，可制成盆景；果实富含氨基酸、可溶性糖、粗蛋白、总脂肪、淀粉、纤维素、果胶、胡萝卜素、维生素及矿质元素，营养丰富，可食用，可磨粉代食品，是救荒粮食，故得名 "救命粮" "救军粮" "救兵粮"，也可用于酿酒。嫩叶还可作茶叶的代用品。

◎梨属

3.21.3 豆梨 *Pyrus calleryana* Dcne.

[别名]

梨丁子、杜梨、糖梨、赤梨、阳檖、鹿梨

[形态特征]

乔木，高 5 ～ 8 m；小枝粗壮，圆柱形，幼嫩时有茸毛，二年生枝条灰褐色；冬芽三角卵形，先端短渐尖，微具茸毛。叶片宽卵形至卵形，稀长椭卵形，长 4 ～ 8 cm，宽 3.5 ～ 6.0 cm，先端渐尖，稀短尖，基部圆形至宽楔形，边缘有钝锯齿，两面无毛；叶柄长 2 ～ 4 cm，无毛；托叶叶质，线状披针形，长 4 ～ 7 mm，无毛。伞形总状花序，具花 6 ～ 12 朵，直径 4 ～ 6 mm，总花梗和花梗均无毛，花梗长 1.5 ～ 3.0 cm；苞片膜质，线状披针形，长 8 ～ 13 mm，内面具茸毛；

花直径 2.0 ~ 2.5 cm；萼筒无毛；萼片披针形，先端渐尖，外面无毛，内面具茸毛，边缘较密；花瓣卵形，长约 13 mm，宽约 10 mm，基部具短爪，白色；雄蕊 20，稍短于花瓣；花柱 2，稀 3，基部无毛。梨果球形，直径约 1cm，黑褐色，有斑点，萼片脱落，2（3）室，有细长果梗。花期 4 月，果期 8 ~ 9 月。

[生境与分布]

生于海拔 80 ~ 1 800 m 山坡、平原或山谷杂木林中，喜温暖潮湿气候。分布于山东、河南、江苏、浙江、江西、安徽、湖北、湖南、福建、广东、广西等地。

[资源开发与利用现状]

根、枝、叶、果实等均可入药。果实味酸、甘、涩，性寒，具有健胃、止痢的功效，可以直接食用，果味酸中带甜涩；含糖量达 15% ~ 20%，可以用来酿酒；果皮则味甘、涩，性凉，具有清热生津、涩肠止泻的功效；根、叶具有润肺止咳、清热解毒的功效，可主治肺燥咳嗽、急性眼结膜炎；根皮酸而涩，性寒，可清热解毒，治疗疮疡肿痛等症；枝条味微苦，性凉，具有行气和胃的功效，可治疗霍乱吐泻、反胃吐食等病症；叶和花对闹羊花、藜芦有解毒作用。

整株用于观赏及园林绿化，春天开花，夏秋季结果，落叶前叶变红。通常还可用作嫁接的砧木。

◎梨属

3.21.4 麻梨 *Pyrus serrulata* Rehd.

[别名]

麻梨子、黄皮梨

[形态特征]

乔木，高 8 ～ 10 m；小枝圆柱形，微带稜角，在幼嫩时具褐色绒毛，以后脱落无毛，二年生枝紫褐色，具稀疏白色皮孔；冬芽肥大，卵形，先端急尖，鳞片内面具有黄褐色茸毛。叶片卵形至长卵形，长 5 ～ 11 cm，宽 3.5 ～ 7.5 cm，先端渐尖，基部宽楔形或圆形，边缘有细锐锯齿，齿尖常向内合拢，背面在幼嫩时被褐色茸毛，以后脱落，侧脉 7 ～ 13 对，网脉显明；叶柄长 3.5 ～ 7.5 cm，嫩时有褐色茸毛，不久脱落；托叶膜质，线状披针形，先端渐尖，内面有褐色茸毛，早落。伞形总状花序，有花 6 ～ 11 朵，花梗长 3 ～ 5 cm，总花梗和花梗均被褐色绵毛，逐渐脱落；苞片膜质，线状披针形，长 5 ～ 10 mm，先端渐尖，边缘有腺齿，内面具褐色棉毛；花直径 2 ～ 3 cm；萼筒外面有稀疏茸毛；萼片三角卵形，长约 3 mm，先端渐尖或急尖，边缘具有腺齿，外面具有稀疏绒毛，内面密生茸毛；花瓣宽卵形，长 10 ～ 12 cm，先端圆钝，基部具有短爪，白色；雄蕊 20，约短于花瓣之半；花柱 3，稀 4，和雄蕊近等长，基部具稀疏柔毛。果实近球形或倒卵形，长 1.5 ～ 2.2 cm，深褐色，有浅褐色果点，3 ～ 4 室，萼片宿存，或有时部分脱落，果梗长 3 ～ 4 cm。花期 4 月，果期 6 ～ 8 月。

[生境与分布]

生于海拔 100 ～ 1 500 m 灌木丛中或林边，喜温对土壤适应性强。分布于湖北、湖南、江西、浙江、四川、广东、广西等地。

[资源开发与利用现状]

具有生津止咳、润燥化痰、润肠通便的功效，对热病津伤、心烦口渴、肺燥干咳、咽干舌燥、噎嗝反胃、大便干结等症状有一定的调节作用；另外，还具有清热、镇静的功效，对高血压、心脏病、头晕目眩、失眠多梦等患者有较好的辅助治疗作用；是肝炎、肾病患者的保健食品，有较好的保肝、养肝和帮助消化的作用。

　　不同食用方法可以产生不同的功效。吃生能明显解除上呼吸道感染患者所出现的咽喉干、痒、痛、声音哑以及便秘、尿赤等症状；将梨榨成梨汁，或加胖大海、冬瓜子、冰糖少许，煮饮，对天气干燥、体质火旺、喉炎干涩、声音不扬者具有滋润喉头、补充津液的功效；把梨蒸煮熟，如做成冰糖蒸梨，可以起到滋阴润肺、止咳祛痰的作用，闻名中外的梨膏糖，就是用梨加蜂蜜熬制而成的，对患肺热久咳的病人有明显的疗效。

◎梨属

3.21.5　沙梨 *Pyrus pyrifolia*（Burm. F.）Nakai

[别名]

　　麻安梨、黄金梨

[形态特征]

　　落叶乔木，高达 7 ～ 15 m；小枝光滑，或幼时有茸毛，一至二年生枝紫褐色或暗褐色。叶片为卵形或卵状椭圆形，先端长而尖，基部圆形或近心形，叶缘有刺芒状的锯齿；托叶膜质，线状披针形，早落。伞形总状花序，具花 6 ～ 9 朵，直径 5 ～ 7 cm；总花梗和花梗幼时微具柔毛，花梗长 3.5 ～ 5 cm；苞片膜质，线形，边缘有长柔毛；花直径 2。5 ～ 3.5 cm；萼片三角卵形，先端渐尖，边缘有腺齿；外面无毛，内面密被褐色茸毛；花瓣卵形，长 15 ～ 17 mm，先端啮齿状，基部具短爪，白色；雄蕊 20，长约等于花瓣之半；花柱 5，稀 4，光滑无毛，约与雄蕊等长。果实近球形，浅褐色，有浅色斑点，先端微向下陷，萼片脱落；种子卵形，微扁，长 8 ～ 10 mm，深褐色。花期 4 月，果期 8 月。繁殖多以豆梨为砧木进行嫁接。花期 2 ～ 4 月，果期 7 ～ 8 月。

[生境与分布]

　　生于海拔 100 ～ 1 400 m 温暖而多雨的地区。分布于安徽、江苏、浙江、江西、湖北、湖南、贵州、四川、云南、广东、广西、福建等地。

[资源开发与利用现状]

　　沙梨果实可食，果实中含有较多的石细胞，吃起来有"沙粒感"。栽培品种的果肉改良后，其汁液丰富，口感细腻，入口甜而不腻。沙梨可食部分高达 85%，富含可溶性固形物、可溶性糖、总酸、氨基酸、B 族维生素、矿物质等。沙梨果实的香气成分主要由醛类、酯类和醇类等化合物组成，各成分的含量不同，品种存在明显差异。

　　具有较高的药用价值，果实具有润喉生津、润肺止咳、滋养肠胃等功效，最适宜于冬春季节发热和有内热的病人食用；还有降低血压、养阴清热、镇静的作用，具有保肝、助消化，增食欲的功效。沙梨根主治疝气、咳嗽。树皮可解"伤寒时气"。枝主治霍乱吐泻。叶主治食用菌中毒、小儿疝气。若食梨过量则伤胃气，可用叶煎汁解之。果皮主治暑热或热病伤津口渴。

◎苹果属

3.21.6　尖嘴林檎 *Malus melliana*（Hand.-Mazz.）Rehd.

[别名]

光萼林檎

[形态特征]

灌木或小乔木，高 4～10 m；小枝微弯曲，圆柱形，幼时微具柔毛，老时脱落，暗灰褐色；冬芽卵形，先端急尖，无毛稀在先端鳞片边缘微具柔毛，红紫色。叶片椭圆形至卵状椭圆形，长 5～10 cm，宽 2.5～4.0 cm，先端急尖或渐尖，基部圆形至宽楔形，边缘有圆钝锯齿，嫩时微具柔毛，成熟脱落；叶柄长 1.5～2.5 cm；托叶膜质，线状披针形，先端渐尖，全缘，内面微具柔毛。花序近伞形，有花 5～7 朵，花梗长 3～5 cm，无毛；苞片披针形，早落；花直径约 2.5 cm；萼筒外面无毛；萼片三角披针形，先端渐尖，全缘，长约 8 mm，外面无毛，内面具茸毛，较萼筒长；花瓣倒卵形，长 1～2 cm，基部有短爪，紫白色；雄蕊约 30，花丝长短不等，比花瓣稍短；花柱 5，基部有白色茸毛，较雄蕊稍长，柱头棒状。果实球形，直径 1.5～2.5 cm，宿萼有长筒，长 5～8 mm，萼片反折，果先端隆起，果心分离，果梗长 2.0～2.5 cm。花期 5 月，果期 8～9 月。

[生境与分布]

生于海拔 400～1 100 m 的山坡、谷地林、林缘或疏林。分布于浙江、安徽、江西、湖南、福建、广东、广西、云南等地。

[资源开发与利用现状]

春季花叶并发，嫩叶红艳，花乳白，红白分明，鲜艳夺目；入秋黄果满枝间，黄绿辉映，集叶、花、果的美于一身，宜在园林旷野中栽植。叶含多种活性成分，具有抗癌、抑菌、抗氧化等功效；叶同时能提取出含量丰富的生产食用色素。广西融水县以尖嘴林檎为原料，研究了林檎叶防腐保鲜成分微波辅助浸提提取工艺并对其进行优化。果实作为中药药材，具有涩肠止痢的功效，常用于治疗泄泻、痢疾。

◎蔷薇属

3.21.7 金樱子 *Rosa laevigata* Michx.

[别名]

油饼果子、唐樱莀、和尚头、山鸡头子、山石榴、刺梨子

[形态特征]

常绿攀缘灌木，高可达 5 m；小枝散生弯皮刺，幼时有腺毛。奇数羽状复叶互生，小叶革质，通常 3 片，有时 5 片；小叶片常为椭圆状卵形、倒卵形或披针状卵形，边缘有锯齿；小叶柄和叶轴有皮刺和腺毛；托叶披针形，边缘有细齿，齿尖有腺体，早落。花开于春末初夏，花大，单生于叶腋；直径 5 ~ 7 cm；花梗长 1.8 ~ 2.5 cm；花梗和萼筒密被腺毛，随果实成长变为针刺；萼片卵状披针形，先端呈叶状，边缘羽状浅裂或全缘，常有刺毛和腺毛，内面密被柔毛，比花瓣稍短；花瓣白色，宽倒卵形，先端微凹；雄蕊多数；心皮多数，花柱离生，有毛，比雄蕊短很多。果梨形、倒卵形，稀近球形，紫褐色，外面密被刺毛，果梗长约 3 cm，萼片宿存。花期 4 ~ 6 月，果期 7 ~ 11 月。

[生境与分布]

生于海拔 200 ~ 1 600 m 向阳的山野、田间、溪畔等灌木丛中。分布于广东、广西、台湾、福建、四川、云南、贵州、陕西、安徽、江西、江苏、浙江、湖北、湖南等地。

[资源开发与利用现状]

民间常食用果实，可熬糖及酿酒，金樱子酒具有滋补、强身健体的功效。

2002 年，国家卫生部正式将金樱子列入保健食品的行列。此外金樱子提取物在改善肾脏功能，保护肝脏，抑菌抗炎，降血压、血脂，调节免疫功能，抗癌等方面都有很好的作用。

◎蔷薇属

3.21.8 缫丝花 *Rosa roxburghii* Tratt.

[别名]

文光果、刺梨、送春归、三降果

[形态特征]

落叶灌木；树皮常成片状剥落；小枝圆柱形，基部有成对皮刺。奇数羽状复叶，小叶 9 ～ 15，小叶片椭圆形或长圆形，长 1 ～ 2 cm，宽 6 ～ 12 mm，先端急尖，基部宽楔形，边缘有细锯齿，两面无毛，网脉明显，叶轴和叶柄有散生小皮刺；托叶大部贴生于叶柄，离生部分呈钻形，边缘有腺毛。花单生或 2 ～ 3 朵生于短枝顶端；花较大，直径约 5 ～ 6 cm；花梗短；小苞片 2 ～ 3 枚，卵形，边缘被腺毛；萼片宽卵形，有羽状裂片，内面密被绒毛，外面密被针刺；重瓣至半重瓣，淡红色或粉红色，微香，倒卵形，外轮花瓣大，内轮较小；雄蕊多数；心皮多数；花柱离生，被毛，不外伸，短于雄蕊。扁球形，绿红色，外面密生针刺；萼片宿存。花期 5 ～ 7 月，果期 8 ～ 10 月。

[生境与分布]

生于温暖湿润和阳光充足环境，适应性强，较耐寒，稍耐阴。分布于我国西南部，以贵州省最多。

[资源开发与利用现状]

果实味甜酸，营养丰富，含糖类、有机酸、蛋白质、氨基酸、脂肪酸、维生素等营养成分，维生素 C 含量远远超于其他果蔬，被称为"维生素 C 之王"；花含有较高的超氧化物歧化酶、多糖、黄酮、三萜、甾醇等生物活性物质，是不可多得的珍贵药食两用植物；花朵美丽，可栽培供观赏用；枝干多刺，也是很好的绿篱植物。

◎蔷薇属

3.21.9　山刺玫 *Rosa davurica* Pall.

[别名]

刺玫果、刺玫蔷薇、墙花刺、黄刺玫

[形态特征]

直立灌木，高 1～2 m；分枝多，小枝圆柱形，无毛，紫褐色或灰褐色，带黄色皮刺，皮刺常成对生于小枝或叶柄基部。奇数羽状复叶，小叶 7～9，小叶片长圆形或阔披针形，基部圆形或宽楔形，边缘有单锯齿和重锯齿，小叶片上面颜色较深，中脉和侧脉下凹；叶柄和叶轴有柔毛、腺毛和稀疏皮刺；托叶大部贴生于叶柄，边缘有腺锯齿，背面被柔毛。花单生于叶腋，或 2～3 朵簇生；苞片卵形，边缘有腺齿；花梗常被腺毛；花直径 3～4 cm；萼筒近圆形，光滑无毛，萼片披针形，先端扩展成叶状，边缘有锯齿和腺毛，下面有稀疏柔毛和腺毛，上面被柔毛，边缘较密；花瓣粉红色，倒卵形，先端不平整，基部宽楔形；花柱离生，被毛，比雄蕊短很多。果近球形或卵球形，红色，光滑，萼片宿存。花期 6～7 月，果期 8～9 月。

[生境与分布]

多生长于树林边缘。分布于黑龙江、吉林、辽宁、内蒙古、河北、山西等地。

[资源开发与利用现状]

果含有多种维生素、果胶、糖分及鞣质等，入药具有健脾胃、助消化的功效，对胃积食、动脉粥样硬化、腹痛、月经不调、肺咳均有疗效；山刺玫为药食同源的野生果类，是一种天然抗氧化剂，常用来补充维生素 C，具有较强的抗氧化作用，同时可扩张冠脉、降低脑血管阻力、抑制血栓形成，此外还具有降血脂、降血糖以及抗肿瘤等方面的功效。

◎蔷薇属

3.21.10 小果蔷薇 *Rosa cymosa* Tratt.

[别名]

山木香、小刺花、小倒钩簕、红荆藤、小金樱、白花七叶树

[形态特征]

攀缘灌木，高 2 ～ 5 m；小枝圆柱形，无毛或稍有柔毛，有钩状皮刺。小叶 3 ～ 5，稀 7；连叶柄长 5 ～ 10 cm；小叶片卵状披针形或椭圆形，稀长圆披针形，长 2.5 ～ 6.0 cm，宽 8 ～ 25 mm，先端渐尖，基部近圆形，边缘有紧贴或尖锐细锯齿，两面均无毛，表面亮绿色，背面颜色较淡，中脉突起，沿脉有稀疏长柔毛；小叶柄和叶轴无毛或有柔毛，有稀疏皮刺和腺毛；托叶膜质，离生，线形，早落。化多朵，成复伞房花序；花直径 2.0 ～ 2.5 cm，花梗长约1.5 cm，幼时密被长柔毛，老时逐渐脱落近于无毛；萼片卵形，先端渐尖，常有羽状裂片，外面近无毛，稀有刺毛，内面被稀疏白色绒毛，沿边缘较密；花瓣白色，倒卵形，先端凹，基部楔形；花柱离生，稍伸出花托口外，与雄蕊近等长，密被白色柔毛。果球形，直径 4 ～ 7 mm，红色至黑褐色，萼片脱落。花期 5 ～ 6 月，果期 7 ～ 11 月。

[生境与分布]

生于海拔 250 ～ 1 300 m 向阳山坡、路旁、溪边或丘陵地。分布于江西、江苏、浙江、安徽、湖南、四川、云南、贵州、福建、广东、广西、台湾等地。

[资源开发与利用现状]

根、茎、叶、花及果实均可药用。嫩枝叶含有大量的粗蛋白质、粗脂肪、氨基酸，可以作饲料；根可入药，具有祛风除湿的功效，常用于治疗小儿夜尿、止咳化痰、解毒消肿；果实含有机酸、皂甙、树脂、糖类、淀粉、蛋白质、无机盐等成分。

◎蔷薇属

3.21.11　蛇莓 *Duchesnea indica*（Andr.）Focke

[别名]

三爪风、龙吐珠、蛇泡草、东方草莓

[形态特征]

多年生草本；根茎短而粗壮；匍匐茎多数，长可达 1 m，有柔毛。小叶片倒卵形至菱状长圆形，边缘有钝锯齿，两面皆有柔毛，或表面无毛，具小叶柄；叶柄长 1 ～ 5 cm，有柔毛；托叶窄卵形至宽披针形，长约 5 mm。花单生于叶腋；直径 1.5 ～ 2.5 cm；花梗长 3 ～ 6 cm，有柔毛；萼片卵形，长 4 ～

6 mm，先端锐尖，外面有散生柔毛；副萼片倒卵形，长 5 ～ 8 mm，比萼片长，先端常具 3 ～ 5 锯齿；花瓣倒卵形，长 5 ～ 10 mm，黄色，先端圆钝；雄蕊 20 ～ 30；心皮多数，离生；花托在果期膨大，海绵质，鲜红色，有光泽，直径 10 ～ 20 mm，外面有长柔毛。瘦果卵形，长约 1.5 mm，光滑或具不显明突起，鲜时有光泽。花期 6 ～ 8 月，果期 8 ～ 10 月。

[生境与分布]

生于山坡、河岸、草地、潮湿的地方。多分布于辽宁以南各地。

[资源开发与利用现状]

全草药用，主要成分有萜类、黄酮类、甾醇类等化合物，具有抗菌消炎、抗病毒等功效，能散瘀消肿、收敛止血、清热解毒；茎叶捣敷治疗疮有特效，也可敷蛇咬伤、烫伤、烧伤；果实煎服能治疗支气管炎。此外，全草水浸液可防治农业害虫、杀蛆、孑孓等。

◎山楂属

3.21.12 山里红 *Crataegus pinnatifida* var. *major* N. E. Br.

[别名]

棠棣、大山楂、酸楂、红果

[形态特征]

落叶稀半常绿灌木，具刺，少部分为无刺；冬芽近圆形或卵形。单叶互生；有锯齿，深裂或浅裂，稀不裂，有叶柄与托叶。伞房花序或伞形花序，极少单生；萼筒钟状，萼片 5；花瓣 5，白色，少数为粉红色；雄蕊 5 ～ 25；心皮 1 ～ 5，大部分与花托合生；仅先端和腹面分离，子房下位至半下位，每室具胚珠 2，其中 1 个常不发育。梨果，先端有宿存萼片；心皮熟时为骨质，成小核状，各具土种子；种子直立，扁，子叶平凸，其果大，单果重 100 ～ 120 g。花期 5 ～ 6 月，果期 9 ～ 10 月。

[生境与分布]

生于地坡林边或灌木丛中，黏重土则生长较差。我国南北地区均适宜种植。

[资源开发与利用现状]

果实鲜艳，其味清香、酸甜；营养丰富，含蛋白质、脂肪、碳水化合物、钙、磷、胡萝卜素、硫胺素、核黄素、维生素 C、果胶质、红色素和多种果酸等，可加工成多种制品，如蜜饯类的山楂果脯、山楂蜜，山楂果酱、果汁、果酒，以及山楂糕、山楂干片、山楂角、酸山楂果、山楂茶等；还富含三萜和黄酮类成分，具有加强和调节心肌、增大冠状动脉血流量、降低血清胆固醇、降低血压血脂的功效。

◎山楂属

3.21.13 山楂 *Crataegus pinnatifida* Bge.

[别名]

山里果、山里红、酸里红、山里红果、酸枣、红果、红果子、山林果

[形态特征]

落叶小乔木，高可达 6 m，枝密生，有枝刺，有时无刺。叶三角状卵形，羽状 5 ～ 9 裂，裂缘有不规则锯齿；托叶大，草质，镰形，有齿。多花伞房花序，花密集，白色，花直径约 1.5 cm。苞片膜质，线状披针形；萼筒钟状，长 4 ～ 5 mm，外面密被灰白色柔毛；萼片三角卵形至披针形；花瓣倒卵形或近圆形，长 7 ～ 8 mm，宽 5 ～ 6 mm，白色；雄蕊 20，短于花瓣，花药粉红色；花柱 3 ～ 5，基部被柔毛，柱头头状。果实近球形或梨形，直径 1.0 ～ 1.5 cm，深红色，有

浅色斑点；小核 3 ～ 5，外面稍具棱，内面两侧平滑；萼片脱落很迟，先端留一圆形深洼。花期 5 ～ 6 月，果期 9 ～ 10 月。

[生境与分布]

生于海拔 100 ～ 1 500 m 的山坡林边或灌木丛中。分布于河南、江苏、安徽、浙江、湖北、贵州、广东等地。

[资源开发与利用现状]

果实可食，含有多种维生素，含量仅次于鲜枣和猕猴桃，同时含果胶、山楂酸、酒石酸、柠檬酸、苹果酸、有机酸等，以及黄酮类、内酯、糖类、蛋白质、脂肪和钙、磷、铁等矿物质，所含的解脂酶能促进脂肪类食物的消化，促进胃液分泌和增加胃内酶素。山楂中钙含量位居果品之首，各种维生素含量也处于果品前列。山楂果肉酸甜适口，营养丰富，可生吃，可做糖葫芦等，也可加工成山楂果酱、山楂糕，果丹皮、山楂片、山楂饼等。山楂果实还可酿酒和制醋。

作为药食同源的植物资源，其药用成分主要为黄酮、原花青素、红果酸等酚类，成熟果实可生用或切片、干燥后入药使用。干制后的山楂果实入药，味甘酸，性微温，具有生津止渴、消积化滞、收敛止痢、活血化瘀、补脾健胃等功效，主治饮食积滞、脘腹胀痛、泄泻痢疾、血瘀痛经、闭经、产后腹痛、恶露不尽等症。山楂干中含有三萜酸成分，可以帮助改善冠脉循环，并增大血流量，有助于降低血压；还具有增强心肌、抗心律不齐、调节血脂及胆固醇含量的功效。以山楂为药物成分制成的中药有很多种，也作为配伍药用于一些中药汤剂中。

山楂树可观花观果，可作绿篱和观赏树。幼苗可作嫁接山里红或苹果等砧木。

◎石斑木属

3.21.14 石斑木 *Rhaphiolepis indica*（Linnaeus）Lindley

[别名]

车轮梅、春花、春花

[形态特征]

常绿灌木，树高 1 ～ 3 m；稀小乔木，高可达 4 m。嫩枝有毛，以后逐渐脱落近于无毛。互生叶片常聚生于枝顶，叶形变化多，有许多变种，卵形、长圆形，倒卵形或长圆披针形，叶缘平滑或具细钝锯齿，表面光亮，平滑无毛。顶生圆锥花序或总状花序，总花梗和花梗被锈色茸毛，花梗长 5 ～ 15 mm；苞片及小苞片狭披针形，长 2 ～ 7 mm，近无毛；花直径 1 ～ 1.3 cm；萼筒筒状，边缘及内外面有褐色茸毛，或无毛；萼片 5，三角披针形至线形，先端急尖，两面被疏绒毛或无毛；花瓣 5，白色或淡红色，倒卵形或披针形，长 5 ～ 7 mm，宽 4 ～ 5 mm，先端圆钝，基部具柔毛；雄蕊 15，与花瓣等长或稍长；花柱 2 ～ 3，基部合生，近无毛。果实球形，紫黑色，直径约 5 mm，果梗短粗，长 5 ～ 10 mm。花期 4 月，果期 7-8 月。

[生境与分布]

生于海拔 150 ～ 1 600 m 山坡、路边或溪边灌木林中。分布于安徽、浙江、江西、湖南、贵州、云南、福建、广东、广西、台湾等地。

[资源开发与利用现状]

嫩叶和果实可以食用。春季可采摘嫩叶，洗净焯水后可炒食、炖食、蒸食；夏季可采摘成熟果实，可直接鲜食。根、叶可药用，其根可治疗跌打瘀肿、创伤出血、无名肿毒、烫伤、骨髓炎、毒蛇咬伤，叶味微苦涩，性寒，具有活血消肿、凉血解毒的功效。

石斑木树冠紧密、花朵美丽，观赏价值高，可作园林绿化绿篱树种。

◎石楠属

3.21.15 光叶石楠 *Photinia glabra*（Thunb.）Maxim.

[别名]

山官木、石斑木、红檬子、光凿树、扇骨木

[形态特征]

常绿小乔木，高 3～5 m，有时可达 7 m。叶革质，幼叶或老叶均呈红色，长椭圆形，先端渐尖，基部楔形，叶缘具细锯齿，两面无毛。复伞房花序顶生；花多数较小；直径 5～10 cm；总花梗和花梗均无毛；花直径 7～8 mm；萼筒杯状，无毛；萼片三角形，先端急尖，外面无毛，内面有柔毛；花瓣白色，反卷，倒卵形，先端圆钝，内面近基部有白色茸毛，基部有短爪；雄蕊 20，约与花瓣等长或较短；花柱 2，稀为 3，离生或下部合生，柱头头状，子房顶端有柔毛。果实卵形，长约 5 mm，红色，无毛。花期 4～5 月，果期 9～10 月。

[生境与分布]

生于海拔 500～800 m 山坡杂木林中。分布于安徽、江苏、浙江、江西、湖南、湖北、福建、广东、广西、四川、云南、贵州等地。

[资源开发与利用现状]

果实研末可调酒或盐、醋腌渍内服，或生食，可用于治疗蛔虫腹痛、痔漏下血、久痢。叶具有清热利尿，消肿止痛的功效；切丝晒干，煎汤内服，具有解热、利尿、镇痛的功效，可用于治疗小便不利、头痛；鲜叶捣烂外敷可治跌打损伤。种子含油，可榨油制肥皂或做润滑油。枝繁叶茂，果实红色，极富观赏价值，可作观赏树种。

◎石楠属

3.21.16 石楠 *Photinia serratifolia*（Desf.）Kalkman

[别名]

山官木、凿角、石纲、石楠柴、将军梨、石眼树、笔树、扇骨木、千年红、凿木、红叶石楠、中华石楠

[形态特征]

常绿灌木或小乔木，高 4～6 m，有时可达 12 m；枝褐灰色，无毛。圆形树冠，叶丛浓密，嫩叶红色，叶片革质，长椭圆形、长倒卵形或倒卵状椭圆形，叶边缘有细锯齿，近基部全缘，表面光亮。复伞房花序顶生，直径 10～16 cm；总花梗和花梗无毛，花梗长 3～5；花密生，直径 6～8 mm；萼筒杯状，无毛；萼片阔三角形，先端急尖，无毛；花瓣白色，近圆形，直径 3～4 mm，内外两面皆无毛；雄蕊 20，外轮较花瓣长，内轮较花瓣短，花药带紫色；花柱 2，有时为 3，基部合生，柱头头状，子房顶端有柔毛。果实球形，直径 5～6 mm，红色，后呈褐紫色，有 1 粒种子；种子卵形，长 2 mm，棕色，平滑。花期 4～5 月，果期 10～11 月。

[生境与分布]

生于海拔 1 000～2 500 m 的杂木林中。分布于陕西、甘肃、河南、江苏、安徽、浙江、江西、湖南、湖北、福建、台湾、广东、广西、四川、云南、贵州等地。

[资源开发与利用现状]

果实味甜，既可食用，也可泡水饮用，根和叶可入药。根切片晒干，叶随用随采，或夏季采晒干，具有祛风止痛的功效，用于治疗头风头痛，腰膝无力，风湿筋骨疼痛；花有驱蚊虫的功效，还可提取香料；种子可榨油，供制油漆、肥皂或润滑油用。春季嫩叶红色、花白色；秋季果实红色，是观赏性较高的树种。

◎桃属

3.21.17　毛桃 *Amygdalus persica*（L.）Batsch

[别名]

　　桃、白桃、毛果子、山桃

[形态特征]

　　落叶小乔木，高4～10 m，树皮光滑暗紫红色、枝纤细，上展，紫红色，幼时无毛。叶卵状披针形或圆状披针形，长8～12 cm，宽3～4 cm，边缘具有细密锯齿，两边无毛或背面脉腋间有鬃毛。花单生，先叶开放，近无柄；萼筒钟，有短绒毛，裂叶卵形；花瓣粉红色，倒卵形或矩圆状卵形。雄蕊约30枚，长短不等，长与花瓣近等或稍短；花柱线形，稍长于雄蕊，基部被柔毛，子房密被柔毛。果实球形，先端圆钝或微尖，稍黄色，密被短柔毛；果肉薄，干燥，离核性；果核小，具沟纹。花期3～4月，果期8月。

[生境与分布]

生于海拔 500 ～ 800 m 的山坡和溪边的灌木丛中。全国各地多有分布。

[资源开发与利用现状]

果实富含营养，性温，熟果带粉红色，肉厚，多汁，气香，味甜或微甜酸，可生食，可加工蜜饯、果脯等；毛桃是桃、杏、李、梅等果树的常用砧木树种，也可用于观赏及园林绿化。

◎悬钩子属

3.21.18　白叶莓 *Rubus innominatus* S. Moore

[别名]

刺泡、白叶悬钩子

[形态特征]

灌木，高 1 ～ 3 m；小枝密被绒毛状柔毛，疏生钩状皮刺。小叶常 3 枚，稀于不孕枝上具小叶 5，长 4 ～ 10 cm，宽 2.5 ～ 5.0（7.0）cm，顶生小叶卵形或近圆形，基部圆形至浅心形，侧生小叶斜卵状披针形或斜椭圆形，背面密被灰白色茸毛，沿叶脉混生柔毛，边缘有不整齐粗锯齿或缺刻状粗重锯齿；叶柄长 2 ～ 4 cm，顶生小叶柄长 1 ～ 2 cm，侧生小叶近无柄，与叶轴均密被绒毛状柔毛；托叶线形，被柔毛。总状或圆锥状花序，顶生或腋生，腋生花序常为短总状；总花梗和花梗均密被黄灰色或灰色茸毛状长柔毛和腺毛；花梗长 4 ～ 10 mm；苞片线状披针形，被茸毛状柔毛；花直径 6 ～ 10 mm；花萼外面密被黄灰色或灰色茸毛状长柔毛和腺毛；萼片卵形，长 5 ～ 8 mm，顶端急尖，内萼片边缘具灰白色茸毛，在花果时均直立；花瓣倒卵形或近圆形，紫红色，边啮蚀状，基部具爪，稍长于萼片；雄蕊稍短于花瓣；花柱无毛；子房稍具柔毛。果实近球形，直径约 1 cm，橘红色，初期被疏柔毛，成熟时无毛；核具细皱纹。花期 5 ～ 6 月，果期 7 ～ 8 月。

[生境与分布]

生于海拔 400 ～ 2 500 m 的山坡疏林、灌丛中或山谷河旁。分布于广东、广西、四川、陕西、甘肃、河南、湖北、湖南、江西、安徽、浙江、福建、贵州、云南等地。

[资源开发与利用现状]

果酸甜可食；根可入药，主治风寒、咳喘；经过整形修剪做成造型后，千姿百态、神韵独具，是风景园林、庭院住宅区造型景观精品树种；可用作花园里的花篱，种植在森林和草坪的边缘。

◎悬钩子属

3.21.19　覆盆子 *Rubus idaeus* L.

[别名]

复盆子、绒毛悬钩子

[形态特征]

灌木，高 1 ～ 2 m；枝褐色或红褐色，幼时被绒毛状短柔毛，疏生皮刺。小叶 3 ～ 7 枚，花枝上有时具 3 小叶，不孕枝上常 5 ～ 7 小叶，小叶长 3 ～ 8 cm，宽 1.5 ～ 4.5 cm，顶端短渐尖，基部圆形，顶生小叶基部近心形，小叶边缘有不规则粗锯齿或重锯齿；托叶线形，具短柔毛。花生于侧枝顶端成短总状花序或少花腋生，总花梗和花梗均密被茸毛状短柔毛和疏密不等的针刺；花梗长 1 ～ 2 cm；苞片线形，具短柔毛；花直径 1.0 ～ 1.5 cm；花萼外面密被茸毛状短柔毛和疏密不等的针刺；萼片卵状披针形，顶端尾尖，外面边缘具灰白色茸毛，在花果时均直立；花瓣匙形，被短柔毛或无毛，白色，基部有宽爪；花丝宽扁，长于花柱；花柱基部和子房密被灰白色茸毛。果实近球形，多汁液，直径 1.0～1.4 cm，红色或橙黄色，密被短茸毛；核具明显洼孔。花期 5～6 月，果期 8～9 月。

[生境与分布]

生于海拔 500～2 000 m 的山地杂木林边、灌丛或荒野。分布于辽宁、吉林、内蒙古、福建、河北、河南、山东、山西、江苏、安徽、浙江、湖北、湖南（炎陵县山区最多）、江西、广东、广西、陕西、贵州、四川、重庆、云南等地。

[资源开发与利用现状]

果实营养丰富，富含维生素 A、维生素 C、钙、钾、镁等以及大量纤维，可供直接食用，是世界公认的第三代黄金水果；能有效缓解心绞痛等心血管疾病，但有时会造成轻微的腹泻；已被广泛用于镇痛解热，可抗凝血，长期食用，能有效地保护心脏，预防高血压、血管壁粥样硬化、血栓、心脑血管脆化破裂等心脑血管疾病。

◎悬钩子属

3.21.20 高粱泡 *Rubus lambertianus* Ser.

[别名]

十月苗、寒泡刺

[形态特征]

半落叶藤状灌木，高可达 3 m；枝幼时被细柔毛或近无毛，有微弯小皮刺。单叶互生，常宽卵形，顶端渐尖，基部心形，被疏生柔毛，中脉上常疏生小皮刺，叶缘 3～5 裂或呈波状，有细锯齿；叶柄长 2～4（5）cm；托叶离生，线状深裂，常脱落。圆锥花序顶生，有时仅数朵花簇生于叶腋；总花梗、花梗和花萼均被细柔毛；萼片卵状披针形；花小，直径约 8 mm；花瓣倒卵形，白色，无毛，稍短于萼片；雄蕊多数，稍短于花瓣，花丝宽扁；雌蕊 15 ～ 20 枚，通常无毛。果实小，近球形，直径 6 ～ 8 mm，由多数小核果组成，无毛，熟时红色；核较小，有明显皱纹。花期 7 ～ 8 月，果期 9 ～ 11 月。

[生境与分布]

生于低海拔山坡、山谷或路旁灌木丛中阴湿处。分布于广东、广西、福建、台湾、云南、河南、湖北、湖南、安徽、江西、江苏、浙江等地。

[资源开发与利用现状]

果熟后可食用及酿酒；根叶供药用，具有清热散瘀、止血的功效；种子可药用，也可榨油作发油用；植株适应性强，可栽植于林荫、绿化带等阴湿处，具有较高的观赏价值，是园林垂直绿化的优良树种之一。

◎ **悬钩子属**

3.21.21　光果悬钩子 *Rubus glabricarpus* Cheng

[别名]

端阳泡

[形态特征]

灌木，高可达 3 m；枝细，具基部宽扁的皮刺，嫩枝具柔毛和腺毛。单叶，卵状披针形，长 4 ～ 7 cm，宽 2.0 ～ 4.5 cm，顶端渐尖，基部微心形或近截形，两面被柔毛，沿叶脉毛较密或有腺毛，老时毛较稀疏，边缘 3 浅裂或缺刻状浅裂，有不规则重锯齿或缺刻状锯齿，并有腺毛；叶柄细，长 1.0～1.5 cm，具柔毛、腺毛和小皮刺；托叶线形，有柔毛和腺毛。花单生，顶生或腋生，直径约 1.5 cm；花梗长 5～10 mm，具柔毛和腺毛；花萼外被柔毛和腺毛；萼片披针形，顶端尾尖；花瓣卵状长圆形或长圆形，白色，几与萼片等长，顶端圆钝或近急尖；雄蕊多数，花丝宽扁；雌蕊多数，子房无毛。果实卵球形，直径约 1 cm，红色，无毛；核具皱纹。花期 3～4（5）月，果期 5～6 月。

[生境与分布]

生于低海拔至中海拔的山坡、山脚或沟边及杂木林下。分布于广东、浙江、福建等地。

[资源开发与利用现状]

果酸甜，既可食，也可酿酒，营养价值高。

◎悬钩子属

3.21.22 寒莓 *Rubus buergeri* Miq.

[别名]

咯咯红、聋朵公、虎脚菰、猫儿菰、寒刺泡、水漂沙、大叶寒莓、地莓

[形态特征]

直立或匍匐小灌木，茎常伏地生根，出长新株；匍匐枝长约 2 m，密被长柔毛，具稀疏小皮刺。单叶，卵圆形，顶端圆钝或急尖，基部心形，嫩叶密被茸毛，老叶仅背面具柔毛，边缘 5～7 浅裂，裂片圆钝，有不整齐锐锯齿，基出掌脉 5，侧脉 2～3 对；叶柄长 4～9 cm，密被长柔毛；托叶离生，早落。短总状花序，顶生或腋生，或花数朵簇生于叶腋；花直径 0.6～1.0 cm；花萼外密被淡黄色长柔毛和茸毛；萼片披针形或卵状披针形，顶端渐尖，外萼片顶

端常浅裂，内萼片全缘；花瓣倒卵形，白色，几与萼片等长；雄蕊多数，花丝线形，无毛；雌蕊无毛，花柱长于雄蕊。果实近球形，直径 6 ～ 10 mm，紫黑色，无毛；核具粗皱纹。花期 7 ～ 8 月，果期 9 ～ 10 月。

[生境与分布]

生于中低海拔的阔叶林下或山地疏密杂木林内。分布于广东、广西、福建、台湾、江西、湖北、湖南、安徽、江苏、浙江、四川、贵州等地。

[资源开发与利用现状]

果可食及酿酒；根及全草可入药，具有活血、清热解毒的功效。

◎悬钩子属

3.21.23　红腺悬钩子 *Rubus sumatranus* Miq.

[别名]

牛奶莓、红刺苔、马泡、长果悬钩子

[形态特征]

直立或攀缘灌木；全株均被紫红色腺毛、柔毛和皮刺；具小叶 5 ～ 7 枚，稀 3 枚，卵状披针形至披针形，长 3 ～ 8 cm，宽 1.5 ～ 3.0 cm，顶端渐尖，基部圆形，两面疏生柔毛，沿中脉较密，背面沿中脉有小皮刺，边缘具不整齐的尖锐锯齿；叶柄长 3 ～ 5 cm，顶生小叶柄长达 1 cm；托叶披针形，有柔毛和腺毛。花 3 朵或数朵成伞房状花序，稀单生；花梗长 2 ～ 3 cm；苞片披针形；花直径 1 ～ 2 cm；花萼披针形，顶端长尾尖，在果期反折；花瓣长倒卵形或匙状，白色，基部具爪；花丝线形；雌蕊数可达 400，花柱和子房均无毛。果实长圆形，长 1.2 ～ 1.8 cm，橘红色，无毛。花期 4 ～ 6 月，果期 7 ～ 8 月。

[生境与分布]

生于山地、山谷疏密林内、林缘、灌丛内、竹林下及草丛中。分布于产广东、广西、湖南、江西、湖北、安徽、浙江、福建、台湾、四川、贵州、云南、西藏等地。

[资源开发与利用现状]

果大、种子小、味美、丰产，可生食，也可加工成果酱、果酒和果汁；果实富含氨基酸、有机酸、糖类、矿质元素和维生素 C 等成分，此外其 SOD 含量高，具有很好的医疗保健作用；在防皱、防晒及防衰老等方面功效明显。

◎悬钩子属

3.21.24 黄锁梅 *Rubus pectinellus* Maxim.

[别名]

黄泡

[形态特征]

草本或半灌木高 8 ～ 20 cm；茎匍匐，节处生根，有长柔毛和稀疏微弯针刺。单叶，叶片心状近圆形，顶端圆钝，基部心形，边缘有时波状浅裂或 3 浅裂，有不整齐细钝锯齿或重锯齿，两面被稀疏长柔毛，背面沿叶脉有针刺；叶柄长 3 ～ 6 cm，有长柔毛和针刺；托叶离生，二回羽状深裂，裂片线状披针形。花单生，顶生，稀 2 ～ 3 朵，直径达 2 cm；花梗长 2 ～ 4 cm，被长柔毛和针刺；苞片和托叶相似；花萼长 1.5 ～ 2.0 cm，外面密被针刺和长柔毛；萼筒卵球形；萼片不等大，叶状，卵形至卵状披针形，外萼片宽大，梳齿状深裂或缺刻状，内萼片较狭，顶端渐尖，有少数锯齿或全缘；花瓣狭倒卵形，白色，有爪，稍短于萼片；雄蕊多数，直立，无毛；雌蕊多数，但很多败育，子房顶端和花柱基部微具柔毛。果实红色，球形，直径 1.0～1.5 cm，具反折萼片；小核近光滑或微皱。花期 5～7 月，果实 7～8 月。

[生境与分布]

生于海拔 1 000～3 000 m 的山地林中。分布于湖南、江西、福建、台湾、四川、云南、贵州等地。

[资源开发与利用现状]

营养成分丰富，含有特殊保健功能的维生素、天然多糖、果酸、多酚及黄酮类等，具有抗氧化、保护心脑血管和改善皮肤皱衰等多种功效。

◎悬钩子属

3.21.25 空心藨 *Rubus rosifolius* Smith

[别名]

七时饭消扭、倒触伞、龙船泡、划船泡、三月泡、蔷薇莓、刺莓、空心泡

[形态特征]

直立灌木，高可达 5 m；枝细，具柔毛，疏生皮刺。小叶 3 枚，稀 5 枚，宽卵形至椭圆状卵形，顶生小叶大于侧生小叶，侧生小叶顶端圆钝，顶生小叶顶端急尖，基部圆形至近心形，两面均被柔毛，边缘具粗锐重锯齿或缺刻状重锯齿；叶柄长 1～2（3）cm，顶生小叶柄长 0.5～1.0 cm，与叶轴均被柔毛，疏生小皮刺；托叶线形或线状披针形，具柔毛。花单生或成对，常顶生；花梗长 1～2 cm，具柔毛和稀疏小皮刺；花直径达 2.5 cm；花萼外密被柔毛；萼片三角披针形，顶端尾尖，花时直立开展，果时常反折；花瓣近圆形或圆状椭圆形，稍长或几与萼片近等长，白色；花丝线形；花柱和子房无毛。果实椭圆形或长圆形，成熟时红色，无毛。花期 4～5 月，果期 6 月。

[生境与分布]

　　生于路边或林缘。分布于福建、广东、广西、云南、四川等地。

[资源开发与利用现状]

　　果实外形饱满，风味极佳，除鲜食外，还可加工成果汁、果酒、蜜饯等，
是优良的野生果树资源。

◎悬钩子属

3.21.26　茅莓 *Rubus parvifolius* L.

[别名]

婆婆头、牙鹰勒、蛇泡勒、草杨梅子、茅莓悬钩子、小叶悬钩子、红梅消、三月泡

[形态特征]

灌木，高达 1 ～ 2 m；枝呈弓形弯曲，全株被柔毛和小皮刺；小叶 3 枚，新枝上偶有 5 枚，菱状圆形或倒卵形，顶端圆钝或急尖，基部圆形或宽楔形，边缘常有不整齐粗锯齿或缺刻状粗重锯齿，常具浅裂片；叶柄长 2.5 ～ 5.0 cm，顶生小叶柄长 1 ～ 2 cm；托叶线形，长 5 ～ 7 mm，具柔毛。伞房花序顶生或腋生，稀顶生花序成短总状，具花数朵至多朵；花梗长 0.5 ～ 1.5 cm；苞片线形；花直径约 1 cm；萼片卵状披针形或披针形，顶端渐尖，有时条裂，在花果时均直立开展；花瓣卵圆形或长圆形，粉红色至紫红色，基部具爪；雄蕊花丝白色，稍短于花瓣；子房具柔毛。果实卵球形，直径 1.0 ～ 1.5 cm，红色；核有浅皱纹。花期 5 ～ 6 月，果期 7 ～ 8 月。

[生境与分布]

生于山坡杂木林下、向阳山谷、路旁或荒野。分布于广东、广西、湖南、江西、四川、贵州、黑龙江、吉林、辽宁、河北、河南、山西、陕西、甘肃、湖北、安徽、山东、江苏、浙江、福建、台湾等地。

[资源开发与利用现状]

果实酸甜可口、味道鲜美、口感细腻，含有多种维生素、矿物质、氨基酸和抗衰老物质，营养价值高，是天然的绿色保健食品；此外，茅莓饮料因口味独特，且具有保健功能而受到人们的喜爱。

◎悬钩子属

3.21.27　山莓 *Rubus corchorifolius* L. f.

[别名]

高脚波、馒头菠、刺葫芦、泡儿刺、大麦泡、龙船泡、四月泡、三月泡、撒秧泡、牛奶泡、山抛子、树莓

[形态特征]

直立灌木，高 1～3 m；枝具皮刺，幼时被柔毛。单叶，卵状披针形，长 5～12 cm，宽 2.5～5.0 cm，顶端渐尖，基部微心形，有时近截形或近圆形，表面色较浅，沿叶脉有细柔毛，背面色稍深，沿中脉疏生小皮刺，边缘不分裂或 3 裂，通常不育枝上的叶 3 裂，有不规则锐锯齿或重锯齿；叶柄长 1～2 cm，疏生小皮刺，幼时密生细柔毛；托叶线状披针形，具柔毛。花单生或少数生于短枝上；花梗长 0.6～2.0 cm，具细柔毛；花较大，直径可达 3 cm；花萼外密被细柔毛，无刺；萼片卵形或三角状卵形，顶端急尖至短渐尖；花瓣长圆形或椭圆形，白色，顶端圆钝，长于萼片；雄蕊多数，花丝宽扁；雌蕊多数，子房有柔毛。果实由很多小核果组成，近球形或卵球形，直径 1.0～1.2 cm，红色，密被细柔毛；核具皱纹。花期 2～3 月，果期 4～6 月。

[生境与分布]

生于向阳山坡、溪边、山谷、荒地和疏密灌丛中潮湿处。除黑龙江、吉林、辽宁、甘肃、青海、新疆、西藏外，全国均有分布。

[资源开发与利用现状]

果味甜美，含糖、苹果酸、柠檬酸及维生素 C 等，可供生食、制果酱及酿酒。果、根及叶入药，具有活血、解毒、止血的功效；根皮、茎皮、叶可提取栲胶。

◎悬钩子属

3.21.28 腺毛莓 *Rubus adenophorus* Rolfe

[别名]

腺毛悬钩子

[形态特征]

攀缘灌木，高 0.5 ～ 2.0 m；小枝浅褐色至褐红色，具紫红色腺毛、柔毛和宽扁的稀疏皮刺。小叶 3 枚，宽卵形或卵形，长 4 ～ 11 cm，宽 2 ～ 8 cm，顶端渐尖，基部圆形至近心形，上下两面均具稀疏柔毛，下面沿叶脉有稀疏腺毛，边缘具粗锐重锯齿；叶柄长 5 ～ 8 cm，顶生小叶柄长 2.5 ～ 4.0 cm，均具腺毛、柔毛和稀疏皮刺；托叶线状披针形，具柔毛和稀疏腺毛。总状花序顶生或腋生，花梗、苞片和花萼均密被带黄色长柔毛和紫红色腺毛；花梗长 0.6 ～ 1.2 cm；苞片披针形；花较小，直径 6 ～ 8 mm；萼片披针形或卵状披针形，顶端渐尖，花后常直立；花瓣倒卵形或近圆形，基部具爪，紫红色；花丝线形；花柱无毛，子房微具柔毛。果实球形，直径约 1 cm，红色，无毛或微具柔毛；核具显明皱纹。花期 4 ～ 6 月，果期 6 ～ 7 月。

[生境与分布]

生于低海拔至中海拔的山地、山谷、疏林润湿处或林缘。分布于广东、广西、湖南、江西、湖北、浙江、福建、贵州等地。

[资源开发与利用现状]

果实酸甜，风味极佳，除鲜食外，也可加工成果汁、果酒、蜜饯等，是优良的野生果树资源。

◎悬钩子属

3.21.29 香莓 *Rubus pungens* var. *oldhamii* (Miq.) Maxim.

[别名]

九头饭消扭、落地角公、九里香

[形态特征]

匍匐灌木，高达 3 m；枝圆柱形，针刺较稀少。花枝、叶柄、花梗和花萼上无腺毛，或仅于局部如花萼，或花梗上有稀疏短腺毛。小叶常 5～7 枚，稀 3 或 9 枚，卵形、三角卵形或卵状披针形，顶端急尖至短渐尖，顶生小叶常渐尖，基部圆形至近心形，边缘具尖锐重锯齿或缺刻状重锯齿，顶生小叶常羽状分裂；托叶小，线形，有柔毛。花单生或 2～4 朵成伞房状花序，顶生或腋生；花梗长 2～3 cm；花直径 1～2 cm；花萼萼筒半球形；萼片披针形或三角披针形，长达 1.5 cm，顶端长渐尖，在花果时均直立，稀反折；花瓣长圆形、倒卵形或近圆形，白色，基部具爪，比萼片短；雄蕊多数，直立，长短不等，花丝近基部稍宽扁；雌蕊多数，花柱无毛或基部具疏柔毛，子房有柔毛或近无毛。果实近球形，红色，直径 1.0～1.5 cm，具柔毛或近无毛；核卵球形，长 2～3 mm，有明显皱纹。花期 4～5 月，果期 7～8 月。

[生境与分布]

生于山谷半阴处潮湿地或山地疏密林中。分布于河南、山西、陕西、甘肃、江西、湖北、浙江、福建、台湾、四川、贵州、云南等地。

[资源开发与利用现状]

果实酸甜，风味极佳，除鲜食外，也可加工成果汁、果酒、蜜饯等，是优良的野生果树资源。

◎悬钩子属

3.21.30 小柱悬钩子 *Rubus columellaris* Tutcher

[别名]

三叶吊杆泡

[形态特征]

攀缘灌木，高 1.0 ～ 2.5 m；枝褐色或红褐色，疏生钩状皮刺。小叶 3 枚，有时生于枝顶端花序下部的叶为单叶，近革质，椭圆形或长卵状披针形，顶生小叶比侧生长得多，顶端渐尖，基部圆形或近心形，侧脉 9 ～ 13 对，两面无毛或表面疏生平贴柔毛，边缘有不规则的较密粗锯齿；叶柄长 2 ～ 4 cm，顶生小叶柄长 1 ～ 2cm，侧生小叶具极短柄或近无柄，均无毛，或幼时稍有柔毛，疏生小皮刺；托叶披针形，无毛。花 3 ～ 7 朵成伞房状花序，着生于侧枝顶端，或腋生，在花序基部叶腋间常着生单花；总花梗长 3 ～ 4 cm，花梗长 1 ～ 2 cm，均无毛，疏生钩状小皮刺；苞片线状披针形；花大，开展时直径为 3 ～ 4 cm；花萼无毛；萼片卵状披针形或披针形，顶端急尖并具锥状突尖头，内萼片边缘具黄灰色茸毛，花后常反折；花瓣匙状长圆形或长倒卵形，比萼长得多，白色，基部具爪；雄蕊很多，排成数列，花丝较宽；花托中央突起部分呈头状，基部具长达 5 mm 的柄。果实近球形或稍呈长圆形，直径约 1.5 cm，长达 1.7 cm，橘红色或褐黄色，无毛；核较小，具浅皱纹。花期 4 ～ 5 月，果期 6 月。

[生境与分布]

生于山坡、山谷疏密杂木林内较阴湿处。分布于广东、广西、江西、湖南、福建、四川、贵州、云南等地。

[资源开发与利用现状]

果实酸甜，风味极佳，除鲜食外，也可加工成果汁、果酒、蜜饯等，是优良的野生果树资源。

◎悬钩子属

3.21.31　锈毛莓 *Rubus reflexus* Ker

[别名]

山烟筒子、大叶蛇勒、蛇包疬

[形态特征]

攀缘灌木，高达 2 m，枝被锈色茸毛，有稀疏小皮刺。单叶，心状长卵形，长 7 ～ 14 cm，宽 5 ～ 11 cm，表面无毛或沿叶脉疏生柔毛，有明显皱纹，下面密被锈色绒毛，沿叶脉有长柔毛，边缘 3 ～ 5 裂，有不整齐的粗锯齿或重锯齿，基部心形，顶生裂片长大，披针形或卵状披针形，比侧生裂片长很多，裂片顶端钝或近急尖；叶柄长 2.5 ～ 5.0 cm，被绒毛并有稀疏小皮刺；托叶宽倒卵形，长宽各 1.0 ～ 1.4 cm，被长柔毛，梳齿状或不规则掌状分裂，裂片披针形或线状披针形。花数朵团集生于叶腋或成顶生短总状花序；总花梗和花梗密被锈色长柔毛；花梗很短，长 3 ～ 6 mm；苞片与托叶相似；花直径 1.0 ～ 1.5 cm；花萼外密被锈色长柔毛和茸毛；萼片卵圆形，外萼片顶端常掌状分裂，裂片披针形，内萼片常全缘；花瓣长圆形至近圆形，白色，与萼片近等长；雄蕊短，花丝宽扁，花药无毛或顶端有毛；雌蕊无毛。果实近球形，深红色；核有皱纹。花期 6 ～ 7 月，果期 8 ～ 9 月。

[生境与分布]

生于山坡、山谷灌丛或疏林中。分布于江西、湖南、浙江、福建、广东、广西、台湾等。

[资源开发与利用现状]

果可食；根入药，具有祛风湿、强筋骨的功效。

◎樱属

3.21.32　毛樱桃 *Cerasus tomentosa*（Thunb.）Wall.

[别名]

　　山樱桃、梅桃、山豆子、樱桃

[形态特征]

毛樱桃是灌木，通常高 0.3 ～ 1.0 m，稀呈小乔木状，高 2 ～ 3 m。小枝紫褐色或灰褐色，嫩枝密被茸毛到无毛。冬芽卵形，疏被短柔毛或无毛。叶片卵状椭圆形或倒卵状椭圆形，长 2 ～ 7 cm，宽 1.0 ～ 3.5 cm，先端急尖或渐尖，基部楔形，边有急尖或粗锐锯齿，表面暗绿色或深绿色，被疏柔毛，背面灰绿色，密被灰色茸毛或以后变为稀疏，侧脉 4 ～ 7 对；叶柄长 2 ～ 8 mm，被茸毛或脱落稀疏；托叶线形，长 3 ～ 6 mm，被长柔毛。花单生或 2 朵簇生，花叶同开，近先叶开放或先叶开放；花梗长达 2.5 mm 或近无梗；萼筒管状或杯状，长 4 ～ 5 mm，外被短柔毛或无毛，萼片三角卵形，先端圆钝或急尖，长 2 ～ 3 mm，内外两面内被短柔毛或无毛；花瓣白色或粉红色，倒卵形，先端圆钝；雄蕊 20 ～ 25 枚，短于花瓣；花柱伸出与雄蕊近等长或稍长；子房全部被毛，或仅顶端或基部被毛。核果近球形，红色，直径 0.5 ～ 1.2 cm；核表面除棱脊两侧有纵沟外，无棱纹。花期 4 ～ 5 月，果期 6 ～ 9 月。

[生境与分布]

生于海拔 100 ～ 3 200 m 山坡林、林缘、灌丛或草地。分布于黑龙江、吉林、辽宁、内蒙古、河北、山西、陕西、甘肃、宁夏、青海、山东、四川、云南、西藏等地。

[果实成分]

果实可食用。

[资源开发与利用现状]

樱桃果实果型大，微酸甜，风味优美，可生食、酿酒或制罐头，樱桃汁可制糖浆、糖胶及果酒；果实富含有胡萝卜素、维生素 A、维生素 B1、维生素 B2、维生素 C 等多种维生素、氨基酸，其矿物质和微量元素含量明显高于其他水果；核仁含油率达 43% 左右，可榨油，似杏仁油。可制肥皂及润滑油用。

果实味甘、性温，入脾经，具有补中益气、健脾祛湿的功效，主治病后体虚、倦怠少食、风湿腰痛、四肢不灵、贫血等，外用可治疗冻疮、汗斑；种仁可入药，商品名大李仁，具有润肠利水的功效。

3.22 忍冬科

◎荚蒾属

3.22.1 荚蒾 *Viburnum dilatatum* Thunb.

[别名]

短柄荚蒾、庐山荚蒾

[形态特征]

落叶灌木，高 1.5 ～ 3.0 m；当年小枝连同芽、叶柄和花序均密被土黄色或黄绿色开展的小刚毛状粗毛及簇状短毛，老时毛可弯伏，毛基有小瘤状突起，二年生小枝暗紫褐色，被疏毛或几无毛，有突起的垫状物。叶纸质，宽倒卵形、倒卵形、或宽卵形，长 3 ～ 13 cm，顶端急尖，基部圆形至钝形或微心形，有时楔形，边缘有牙齿状锯齿，齿端突尖，表面被叉状或简单伏毛，背面被带黄色叉状或簇状毛，脉上毛尤密，脉腋集聚簇状毛，有带黄色或近无色的透亮腺点，虽脱落仍留有痕迹，近基部两侧有少数腺体，侧脉 6 ～ 8 对，直达齿端，上面凹陷，下面明显突起；叶柄长 5 ～ 15 mm；无托叶。复伞形式聚伞花序稠密，生于具 1 对叶的短枝之顶，直径 4 ～ 10 cm，果时毛多少脱落，总花梗长 1 ～ 3 cm，第一级辐射枝 5 条，花生于第三至第四级辐射枝上，萼和花冠外面均有簇状糙毛；萼筒狭筒状，长约 1 mm，有暗红色微细腺点，萼齿卵形；花冠白色，辐状，直径约 5 mm，裂片圆卵形；雄蕊明显高出花冠，花药小，乳白色，宽椭圆形；花柱高出萼齿。果实红色，椭圆状卵圆形，长 7 ～ 8 mm；核扁，卵形，长 6 ～ 8 mm，直径 5 ～ 6 mm，有 3 条浅腹沟和 2 条浅背沟。花期 5 ～ 6 月，果期 9 ～ 11 月。

[生境与分布]

生于海拔 100 ～ 1 000 m 的山坡或山谷疏林下、林缘及山脚灌丛中，喜微酸性肥沃土壤。原产于中国，主要分布于浙江、江苏、山东、河南、陕西、河北等地。

[资源开发与利用现状]

荚蒾韧皮纤维可制绳和人造棉。种子含油率 10.03% ～ 12.91%，可制肥皂和润滑油；果可食，也可酿酒。枝叶具有清热解毒、疏风解表的功效，主治疔疮发热、风热感冒；外用，还具有祛瘀消肿的功效，主治过敏性皮炎、跌打损伤。非常重要的观赏植物资源，果实色彩艳丽，花叶及植株形变化多样，适应性极强，受到世界园艺界的青睐，被誉为"万能"绿化灌木。

◎荚蒾属

3.22.2　南方荚蒾 *Viburnum fordiae* Hance

[别名]

火柴树、满山红、苍伴木

[形态特征]

灌木或小乔木，高可达 5 m；幼枝、芽、叶柄、花序、萼和花冠外面均被由暗黄色或黄褐色簇状毛组成的茸毛；枝灰褐色或黑褐色。叶纸质至厚纸质，宽卵形或菱状卵形，长 4 ～ 9 cm，顶端钝或短尖至短渐尖，基部圆形至截形或宽楔形、稀楔形，边缘基部除外面常有小尖齿，表面（尤其沿脉）有时散生具柄的红褐色微小腺体（在放大镜下可见），初时被簇状或叉状毛，后仅脉上有毛，稍光亮，背面毛较密，无腺点，侧脉 5 ～ 9 对，直达齿端，上面略凹陷，下面突起；壮枝上的叶带革质，常较大，基部较宽，下面被茸毛，边缘疏生浅齿或几全缘，侧脉较少；叶柄长 5 ~ 15 mm，有时更短；无托叶。复伞形式聚伞花序顶生或生于具 1 对叶的侧生小枝之顶，直径 3 ~ 8 cm，总花梗长 1.0 ~ 3.5 cm 或极少近于无，第一级辐射枝通常 5 条，花生于第三至第四级辐射枝上；萼筒倒圆锥形，萼齿钝三角形；花冠白色，辐状，直径（3.5）4.0 ~ 5.0 mm，裂片卵形，长约 1.5 mm，比筒长；雄蕊与花冠等长或略超出，花药小，近圆形；花柱高出萼齿，柱头头状。果实红色，卵圆形，长 6 ~ 7 mm；核扁，长约 6 mm，直径约 4 mm，有 2 条腹沟和 1 条背沟。花期 4 ~ 5 月，果期 10 ~ 11 月。

[生境与分布]

生于海拔 1 300 m 以下山谷溪涧旁、疏林、山坡灌丛或平原旷野。分布于安徽南部、浙江南部、江西西部至南部、福建、湖南东南部至西南部、广东、广西、贵州（湄潭、册亨）及云南（富宁）等地。

[资源开发与利用现状]

果实含糖、果胶、维生素 C、胡萝卜素、黄酮醇、花青素等，可食用鲜果，能改善心脏功能，并对血管痉挛病患者有益，对支气管哮喘病和高血压病有平息镇静作用，是一味食药两用的珍贵食物；树姿优美，花色迷人，气味清香，是花、果、叶俱优的观赏植物资源，而且在生态上有广泛的适应性。

◎荚蒾属

3.22.3 披针叶荚蒾 *Viburnum lancifolium* Hsu

[形态特征]

常绿灌木，高约 2 m；幼枝、叶下面、叶柄、花序和萼筒外面均有红褐色微细腺点；当年小枝四角状，连同叶（表面沿中脉，背面沿中脉和侧脉）、叶柄、花序、萼筒及萼裂片边缘均被黄褐色簇状毛，或夹生叉状或简单短毛和长毛，二年生小枝浅紫褐色，圆柱形。叶皮纸质，矩圆状披针形至披针形，长 9 ～ 19 cm，顶端长渐尖，基部圆或钝形，边缘通常离基 1/3 以上疏生开展的尖锯齿，上面有光泽，侧脉 7 ～ 12 对，最下一对有时几为三出脉状，连同中脉上面凹陷，下面突起，小脉横列，并行，下面稍突起；叶柄长 8 ～ 15 mm；托叶不存。复伞形式聚伞花序顶生，直径约 4 cm，果时可达 6.5 cm，总花梗纤细，长 1.5 ～ 4.0 cm；花生于第三至第四级辐射枝上；苞片和小苞片膜质，条状披针形，边缘有疏睫毛；萼筒筒状，长约 1 mm，萼齿宽卵形或三角状宽卵形，顶钝，长约为筒之半，略有小睫毛；花冠白色，辐状，直径约 4 mm，无毛，裂片圆卵形，宽约 1.8 mm，顶圆钝，略长于筒；雄蕊略高出花冠，花药宽椭圆形；柱头头状，浅 3 裂。果实红色，圆形，直径 7 ～ 8 mm，宿存柱头稍高出萼齿或否；核扁，常带方形，长度和直径各 5 ～ 6 mm，腹面凹陷，有 2 条浅沟，背面突起而无沟。花期 5 月，果期 10 ～ 11 月。

[生境与分布]

生于海拔 200 ～ 500 m 山坡疏林、林缘及灌丛，有时也见于竹林。分布于浙江西南部、江西东部和南部及福建西北部。

[资源开发与利用现状]

同南方荚蒾。

3.23　三尖杉科

◎三尖杉属

3.23.1　三尖杉 *Cephalotaxus fortunei* Hooker

[别名]

藏杉、桃松、狗尾松、三尖松、山榧树、头形杉

[形态特征]

常绿乔木或灌木，高达 20 m，胸径达 40 cm；树皮褐色或红褐色，裂成片状脱落；叶条形或披针状条形，螺旋状着生，侧枝之叶基部扭转排成二列，上部渐窄，先端有渐尖的长尖头，基部楔形或宽楔形，表面深绿色，上面中脉隆起，下面有两条宽气孔带。雌雄异株，雄球花 8 ～ 10 聚生成头状球花序，腋生，基部有多数螺旋状排列的苞片。每一雄球花有雄蕊 6 ～ 16 枚，花药 3，花丝短；

雌球花具长梗，胚珠 3 ～ 8 枚发育成种子，总梗长 1.5 ～ 2.0 cm。种子翌年成熟，核果状，全部包于由珠托发育成的肉质假种皮中，常数个生于梗端膨大的轴上，卵圆形或球形，长约 2.5 cm，顶端具突起的小尖头，基部有宿存的苞片，外种皮骨质，坚硬，内种皮薄膜质，有胚乳。花期 4 月，种子 8 ～ 10 月成熟。

[生境与分布]

生于东部各地海拔 200 ～ 1 000 m 地带；在西南各地分布较高，生于可达 2 700 ～ 3 000 m 的阔叶树、针叶树混交林中。为亚热带特有植物，分布于浙江、安徽南部、福建、江西、湖南等地。

[资源开发与利用现状]

果实含油量高，可用作工业硬化油，供调漆、制蜡、制肥皂等用；还是止咳、润肺、消积的良药；球果如桃似枣，熟时紫红，微甜，可以生吃；有报道称三尖杉脂碱和高三尖杉脂碱对治疗某些癌症有一定疗效；其树皮可提取栲胶；木材坚韧，结构细致，有弹性，坚实不裂，易加工，材质优良，可做家具、雕刻、工艺品等；树姿优美，是优良的园林观赏树。

3.24　桑科

◎波罗蜜属

3.24.1 白桂木 *Artocarpus hypargyreus* Hance

[别名]

水冬瓜、瓜瓢树

[形态特征]

常绿阔叶大乔木，高约达 2 m 余，树冠圆形，有乳汁，幼枝和叶柄有短柔毛，叶长 7 ～ 15 cm，宽 5 ～ 8 cm。革质，单叶互生，椭圆形或倒卵状长圆形，幼叶常羽状浅裂，叶背面密被灰色短茸毛。花序单生叶腋。雄花序椭圆形至倒卵圆形，长 1.5 ～ 2 cm，直径 1.0 ～ 1.5 cm；总柄长 2.0 ～ 4.5 cm，被短柔毛；雄花花被 4 裂，裂片匙形，与盾形苞片紧贴，密被微柔毛，雄蕊 1 枚，花药椭圆形。聚花果近球形，直径 3 ～ 4 cm，浅黄色至橙黄色，表面被褐色柔毛，微具乳头状突起；果柄长 3 ～ 5 cm，被短柔毛。花期春夏。

[生境与分布]

生于海拔 160 ～ 1 630 m 的常绿阔叶林中，喜阳，喜肥沃、呈酸性富含有机质的中低海拔丘陵或山谷溪边阴湿的土壤坏境。分布于广东、广西、云南、海南、福建、江西、湖南等地。

[资源开发与利用现状]

根可入药，味甘、淡，性温，具有祛风利湿，活血通络等功效，在赣南、粤北地区民间应用较广，主要用于治疗类风湿性关节炎、慢性腰腿疼痛等；白桂木乳汁可提取出硬性胶；木材也是建筑用料、制作家具及器具的良材；果实和种子都可生食，果味酸甜，可做蜜饯、饮料，也可用作调味用品的配料或糖渍。

◎ 波罗蜜属

3.24.2 桂木 *Artocarpus nitidus* subsp. *lingnanensis*（Merr.）Jarr.

[别名]

大叶胭脂、狗果树、胭脂公

[形态特征]

绿乔木，最高有 17 m，主干通直；树皮纵裂，黑褐色，叶互生，长圆状椭圆形至倒卵椭圆形，长 7 ～ 15 cm，宽 3 ～ 7 cm，先端短尖或具短尾，基部楔形或近圆形，全缘或具不规则浅疏锯齿，表面深绿色，背面淡绿色，两面均无毛，侧脉 6 ～ 10 对。在表面微隆起，背面明显隆起，嫩叶干时黑色；叶柄长 5 ～ 15 m；托叶披针形，早落。雄花序头状，倒卵圆至长圆形，长 0.5 ～ 0.7 mm，直径 2.7 ～ 7.0 mm，雄花花被片 2 ～ 4 裂，基部联合，长 0.5 ～ 0.7 mm，雄蕊 1 枚；雌花序近头状，雌花花被管状，花柱伸出苞片外。聚花果近球形，表面粗糙被毛，直径约 5 cm，成熟红色，肉质，干时褐色，苞片宿存；小核果 10 ～ 15 颗。总花梗长 1.5 ～ 5.0 mm。花期 4 ～ 5 月，8 ～ 10 月。

[生境与分布]

生于中海拔湿润的杂木林中。分布于广东 、广西、海南等地。

[资源开发与利用现状]

果实色素稳定、营养物质含量高,可做果汁。桂木中有被鉴定的天然化合物,在现代研究中表现出良好的抗肿瘤、抑制胰脂肪酶、皮肤增白,抗炎、抗氧化等效果,在药品、保健品及化妆品研发领域均有着极高的开发价值。药用价值主要报道具有活血通络、清热开胃、收敛止血等功效；干燥炮制品桂木干具有生津止血、健胃化痰的功效；根也可入药,具有健脾和胃、祛风活血的功效。

◎ 构属

3.24.3 构 *Broussonetia papyrifera* （L.） L'Heritier ex Ventenat

[别名]

构桃树、构乳树、楮树、楮实子、沙纸树、谷木

[形态特征]

落叶阔叶乔木, 含乳汁, 高 10 ～ 20 m；叶螺旋状排列, 广卵形至长椭圆状卵形, 长 6 ～ 18 cm, 宽 5 ～ 9 cm, 树皮暗灰色, 枝条粗壮、开展, 幼

枝密被粗毛。叶互生，分裂或不分裂，有锯齿，广卵形至长椭圆形，长 6 ～ 18 cm，宽 5 ～ 9 cm，表面粗糙，被刺毛，背面密被粗毛和柔毛，基脉三出，托叶侧生，早落。花雌雄异株，雄花序下垂，长 6 ～ 8 cm，花密集，雌花序假头状，花密集，子房卵圆形，柱头线形有毛。聚花果直径 1.5 ～ 2.0 cm，橙红色，小核果扁球形，表面有小瘤体。聚花果直径 1.5 ～ 3.0 cm，成熟时橙红色，肉质；瘦果具与果等长的柄，表面有小瘤，龙骨双层，外果皮壳质。花期 5 ～ 7 月，果期 7 ～ 9 月。构树物候期因气候条件不一而存在差异，黔中地区一般在 3 月中旬发芽，花期 4 月下旬，果期 7 月上旬，在贵州南部地区物候约比黔中地区早 15 ～ 30 d。

[生境与分布]

生于或栽于村庄附近的荒地、田园及沟旁。分布于我国温带、亚热带地区，华北、西北、华南、西南地区。

[资源开发与利用现状]

营养成分全面，粗蛋白含量高，氨基酸含量均衡，富含多种矿质元素及维生素，含有抗氧化功能的黄酮类化合物等生物活性物质以及单宁等抗营养因子，被作为新兴蛋白饲料原料在畜禽生产中的广泛应用。中医学上称果为楮实子、构树子，与根共入药，具有补肾、利尿、强筋骨的功效。

◎鹊肾树属

3.24.4 鹊肾树 *Streblus asper* Lour.

[别名]

鸡子、鸡仔、鸡琢、莺哥果、百日晒

[形态特征]

丛状灌木或常绿小乔木，高 4～8 m，含乳状树液；幼枝微被柔毛。叶革质，粗糙，长卵形或长椭圆状倒卵形，长 4～11 cm，宽 2～3 cm，先端钝或短渐尖，基部圆形，全缘或具不规则的锯齿。花单性，雌雄异株，部分同株；雄花序小头状，直径 5～7 mm，具柄，单生或 2～3 聚生；雄花花被片和雄蕊各 4，有退化雌蕊；雌花，具柄，单生或 2～4 朵簇生于叶腋；花柱细长，中部以上 2 裂，宿存。果近球形，肉质，直径约 6 mm，成熟时金黄色，不开裂，为花后增大的花被所包围，有种子 1 颗。花期 2～4 月，果期 5～6 月。

[生境与分布]

生于海拔 200～950 m 林内或村庄附近，耐干旱、耐瘠薄，粗生，适应性广。分布于广西、广东、云南和海南等地。

[资源开发与利用现状]

树根提取液可用于治疗发烧、痢疾、齿龈炎、溃疡、癌症、乙肝等，植株提取物具有杀虫活性，可用作植物源杀虫剂，也可作为家畜饲草及兽药。鹊肾树可以从水溶液中除去铅，是潜在的良好生物吸附剂。

◎榕属

3.24.5 爱玉子(薜荔变种)*Ficus pumila* var. *awkeotsang*(Makino) Corner

[别名]

爱玉、玉枳、枳仔、草枳仔、澳浇

[形态特征]

常绿攀缘灌木;嫩茎绿色,外被为白色或淡褐色细毛。叶互生,叶片呈长卵形,尖头,叶长 6~12 cm,薄革质,基部稍不对称,尖端渐尖,叶柄很短;结果枝上无不定根。淡褐色细毛在下表面,柄长 3~5 cm,叶柄基部有托叶 2 枚。花为隐头花序,灰绿色,花期在 4~6 月。榕果幼时被黄色短柔毛,成熟黄绿色或微红。雄花,生榕果内壁口部,多数,排为几行,有柄,花被片 2~3,线形,雄蕊 2 枚,花丝短;瘿花具柄,花被片 3~4,线形,花柱侧生,短;雌花生另一植株榕一果内壁,花柄长,花被片 4~5。瘦果近球形,有黏液。花果期 5~8 月。

[生境与分布]

生于海拔 800~1 800 m 多雨湿润的天然林内。分布于福建(宁德、屏南一带)和浙江(乐清、北雁荡山)、台湾等地。

[资源开发与利用现状]

可直接加工为爱玉冻,味道清爽可口,属于低热量饮品,可作为消暑解渴的佳品。瘦果是开发低脂营养产品的理想材料;果肉和种子中含有丰富的营养成分,特别是果肉中的果胶和膳食纤维含量比同类植物食品都要高出许多。果肉的总黄酮质量分数达 3.14%,可作为提取黄酮的原料,在生理学、医学和营养学上对黄酮的利用具有重要的意义。

◎榕属

3.24.6 薜荔 *Ficus pumila* L.

[别名]

木莲、凉粉树、爬石虎、木馒头、鬼馒头、王不留行

[形态特征]

攀缘或匍匐灌木。单叶互生，叶具两型，不结果枝节上生有不定根，叶为卵状心形，薄革质，长约 2.5 cm，先端渐尖，基部略有不对称；叶柄粗短；结果枝上无不定根；叶革质，卵状椭圆形或椭圆形，长 5 ～ 10 cm，宽 2.0 ～ 3.5 cm，先端急尖至钝形，基部近圆形至浅心形，全缘，叶面无毛，背面被黄褐色柔毛，基生叶脉延长，网脉 3 ～ 4 对，侧生 2 脉延长至叶片 1/3 以上，侧脉每边 4 ～ 5 条，在叶面下陷，背面突起，网脉明显，呈蜂窝状，叶柄长 5 ～ 10 mm；托叶 2 个，披针形，被黄褐色丝状毛。隐头花序，花单性，雌雄异株，花着生于隐头花序的花序托内，小花多数。雄花和瘿花同生于一花序托中，雄花生内壁近口部，多数，排为几行，花柄长，花被片 2 ～ 3，线形，雄蕊 2，花丝短，花药具短尖头；瘿花具柄，花被片 3 ～ 4，线形，花柱侧生，短，子房光滑；雌花生雌株榕果内壁，雌花榕果近球形，直径 4 ～ 5cm，成熟时紫色；雌花具长柄，花被片 4 ～ 5，红色。瘿花果大梨形，长 4 ～ 8 cm，直径 3 ～ 5 cm，顶部平截，略具钝头或为脐状突起，基部收缢成柄，顶生苞片脐状，红色，基生苞片 3，三角状卵形，密被长绒毛，宿存；榕果单生叶腋，表面幼时被黄色短柔毛，成熟时囊果皮 (外果皮) 黄绿色带微红，总梗粗短，富含黏液，并自行 3 裂向外飘洒种子。种子白色或淡黄色。花期 5 ～ 8 月，果期 8 ～ 9 月。

[生境与分布]

生于海拔范围为 50 ～ 800 m 的村庄前后、山脚、山窝以及沿河沙洲、公路两侧的古树、大树、断墙残壁、庭院围墙上。分布于江西、湖南、四川、广西、广东、海南和台湾等地。

[资源开发与利用现状]

薛荔具有祛湿利尿、固肾填精、活血通络、清热解毒和促进泌乳等功效，薛荔籽和薛荔的花被中含有丰富的果胶，可以在食品中用作凝胶剂、增稠剂、乳化剂和稳定剂等；薛荔营养丰富，保健价值和药用价值高，薛荔瘦果中脂肪含量极低，因而是制作低脂食品的理想原料；另外，薛荔的藤蔓适宜编织和造纸，果皮的乳汁可制取橡胶。

◎榕属

3.24.7　大果榕 *Ficus auriculata* Lour.

[别名]

馒头果、大无花果、大石榴、蜜枇杷、大木瓜、波罗果、木瓜榕

[形态特征]

常绿乔木，高 3 ～ 12 m。树皮粗糙，灰褐色，幼枝红褐色，中空被柔毛，直径 10 ～ 15 mm。叶互生，宽卵形或近圆形，长 15 ～ 40 cm，宽 15 ～ 27 cm，先端钝或短渐尖，基部心形或圆形，全缘或有疏齿，上表面无毛，中脉及侧脉有微柔毛，下表面被短柔毛，基出脉 5 条，侧脉 4 ～ 5 对，其间小脉并行；叶柄长 6 ～ 12 cm；托叶三角状卵形，紫红色，长约 1.5 cm，被短柔毛。花序托具梗，簇生于老枝或无叶的枝上，倒梨形或陀螺形，基生苞片 3；花单性，雄花和瘿花同生于一花序托内，雄花无梗，花被片 3，雄蕊 2，瘿花具梗，花被片下部合生，上部 2 ～ 3 裂，花柱顶生。雌花生于另一花序托内，花被片 3，

花柱侧生，弯曲。子房卵圆形，花柱侧生，被毛，较瘿花花柱长。瘦果有黏液。花期 8 月至翌年 3 月，果期 5~8 月。

[生境与分布]

生于海拔 130 ～ 2 100 m 的低山沟谷潮湿雨林中。分布于广东、广西、云南和贵州南部。

[资源开发与利用现状]

大果榕已广泛用作药用植物，其果实、根和叶为药用部位，可用于治疗癌症、抗病毒、肺炎、扁桃体炎和风湿疼痛等多种疾病。《南药园植物名录》记载其还具祛风宣肺、补肾益精等功效，可用于治疗遗精、吐血。榕属植物含有丰富的多酚类化合物，特别是黄酮和异黄酮类化合物，且它们均具有很强的抗氧化活性，可用于氧化应激的预防。

◎榕属

3.24.8 高山榕 *Ficus altissima* Blume

[别名]

大叶榕、高榕、万年青、大青树、鸡榕

[形态特征]

常绿大乔木，高 25 ～ 30 m。树皮灰色，平滑。叶厚革质，广卵形至广卵状椭圆形，长 10 ～ 19cm，宽 8 ～ 11cm，先端钝，急尖，基部宽楔形，全缘，两面光滑，无毛，基生侧脉延长，侧脉 5 ～ 7 对；叶柄长 2 ～ 5 cm，粗壮；托叶厚革质，长 2～3 cm，外面被灰色绢丝状毛。花序顶部有被苞片所覆盖的口，为榕小蜂等昆虫进入的通道。花均为单性花(有些花序内有少数两性花)，花小，着生于封闭囊状的肉质花序轴内壁上形成聚花果。榕果成对腋生，椭圆状卵圆形，直径 17～28 mm，幼时包藏于早落风帽状苞片内，成熟时红色或带黄色，顶部脐状突起，基生苞片短宽而钝，脱落后环状；雌雄同序，每个花序内有雄花和雌花，雄花散生榕果内壁，花被片 4，膜质，透明，雄蕊 1 枚，花被片 4，花柱近顶生，较长；雌花无柄，花被片与瘦花同数，雌花有三种，为无花柄、短仡柄、长花柄。无花柄的雌花仡被为 3，花柱较长，子房由花被包住，分布在底层；短柄的雌花和长柄的雌花花被为 4，花柱较短，子房由花被包住，分布在中—上层。瘦果表面有瘤状凸体，花柱延长。花期 3～4 月，果期 5～7 月。

[生境与分布]

生于海拔 100～1 600(2 000)m 山地或平原。分布于海南、广西、云南(南部至中部、西北部)、四川等地。

[资源开发与利用现状]

果实富含黄酮类、香豆素类、三萜类化合物及挥发油成分；叶具有清热、解表和化湿的功效，可用于治疗流行性感冒、疟疾、支气管炎及急性肠炎等。

◎榕属

3.24.9　地瓜泡 *Ficus tikoua* Bur.

[别名]

野地瓜、过山龙、地果、地瓜藤、满地香、地石榴、地爬根、地瓜榕、地瓜、地枇杷

[形态特征]

多年生匍匐木质藤本植物，全株带有白色乳汁，分枝多，茎棕褐色，茎节略膨大，倒卵状椭圆形，长 1.6 ～ 6.0 cm，宽 1 ～ 4 cm，先端急尖，基部圆形或浅心形，边缘有细或波状的锯齿，具三出脉，侧脉 3 ～ 4 对，叶柄长 1 ～ 2 cm；瘾头花序，花序托具短梗，簇生于无叶的短枝上，球形或卵球形，直径 4 ～ 50 mm，基生苞片 3 片，雄花及瘿花生于花托的口部，花被片 2 ～ 6 片，雄蕊 1 ～ 3 个，雌花生于另一花序托内。叶呈尖纸质，幼果青绿色，成熟果实淡红色。六七月长势最快，耐旱能力强。果实球形为瘦果，直径 1.5 ～ 2.5 cm。花期 4 ～ 6 月，果期 6 ～ 11 月。

[生境与分布]

生于海拔 800 ～ 2000 m 的山坡、田地边、路旁、沟边、林边、灌丛边开阔地，喜温热。分布于湖南、湖北、云南、西藏、重庆、广西、贵州、四川、甘肃、陕西等地。

[资源开发与利用现状]

果实营养价值丰富，果内含有丰富的矿物质、抗老维生素 C、蛋白质、氨基酸等元素，可直接食用，也可加工成干果，还可做成果酱、果汁。茎、叶可入药，具有清热、利湿、活血、通络、解毒消肿的功效，且有很好的止血效果；熬水喝，可治疗痢疾、水肿、风热咳嗽、黄疸、闭经、白带异常、乳腺炎、月经不调等；制作的药酒，可治疗关节疼痛和风湿骨痛，涂抹患处，具有良好的缓解疼痛、消瘀血的功效。

◎榕属

3.24.10 无花果 *Ficus carica* L.

[别名]

蜜果、文仙果、奶浆果、品仙果、红心果

[形态特征]

落叶灌木，树皮灰褐色，皮孔明显，高 3～10 m，多分枝；叶互生，厚纸质，叶片倒卵形或近圆形，长 10～12 cm，具 3～5 深裂，先端圆钝，叶缘有不整齐锯齿，表面粗糙，背面密生细小钟乳体及灰色短柔毛，基部浅心形，基生侧脉 3～5 条，侧脉 5～7 对；叶柄长 2～5 cm，粗壮；背面有硬毛。花单性，雌雄同株，果实由花托及其他花器组成。果实扁圆形或卵形，果实发育期60～80 d；榕果单生叶腋，大而梨形，直径 3～5 cm，顶部下陷，成熟时紫红色或黄色，瘦果透镜状，基生苞片 3。花果期 5～7 月。

[分布]

生于温暖湿润的气候带，耐贫瘠和干燥，最好种植在土层深厚、疏松肥沃、排水良好的沙壤土中。全国各地均有分布。

[资源开发与利用现状]

营养丰富，可食部分达 90% 以上，含水分 85% 左右；具有很好的药用价值，具有增强胃功能、健胃清肠、消肿解毒、缓解腹泻等功效，可治疗肠炎、净化肠道、治疗痢疾、便秘、痔疮、喉痛等。果实中含有苯甲醛、补骨脂素、佛手柑内酯及丰富的镁、锌、硒等微量元素，具有防癌和抑制心血管疾病的作用；无花果对胃癌、肝癌、食道癌等病症有较好的预防效果，也是制造防癌药物的主要原料之一。

无花果有很好的抗氧化和清除自由基影响的效果。叶提取物具有较强体外清除自由基活性，研究结果表明无花果叶提取物可清除二苯代苦味肼基自由基等多种自由基。

◎榕属

3.24.11 珍珠莲 *Ficus sarmentosa* var. *henryi*（King et Oliv.）Corner

[别名]

冰粉树、凉粉树、岩石榴

[形态特征]

木质攀缘匍匐藤状灌木，幼枝密被褐色长柔毛，叶革质，卵状椭圆形，长 8～10 cm，宽3～4 cm，先端渐尖，基部圆形至楔形，表面无毛，背面密被褐色柔毛或长柔毛，基生侧脉延长，侧脉5～7对，小脉网结成蜂窝状；叶柄长5～10 mm，被毛。榕果成对腋生，圆锥形，直径1.0～1.5 cm，表面密被褐色长柔毛，成长后脱落，顶生苞片直立，长约 3 mm，基生苞片卵状披针形，长约 3～6 mm。榕果无总梗或具短梗。瘦果小。花期 4～5 月，果期 8～10 月。

[生境与分布]

生于低山疏林或山麓、山谷及溪边树丛中。分布于华东、华南地区，湖南、湖北、贵州、云南、四川、陕西、甘肃等地。

[资源开发与利用现状]

果肉富含果胶、糖类及枸橼酸，可作为制作果冻的原料，不仅口感细腻爽滑、肉质透明饱满，而且营养丰富，瘦果水洗后可用来制作冰凉粉；富含多种维生素、蛋白质、膳食纤维等，可以促进肠胃蠕动、助消化，具有健胃清肠、润肺止咳、凉血除痰的功效；也可用于治疗肠炎、痢疾、便秘、痈疮、糖尿病、肺燥咳嗽、胃腹胀满等。

◎桑属

3.24.12 桑 *Morus alba* L.

[别名]

桑椹子、桑蔗、桑枣、桑果、桑泡儿、乌椹

[形态特征]

乔木或为灌木，高 3～10 m，树皮厚，灰色，具不规则浅纵裂；冬芽红褐色，卵形，芽鳞覆瓦状排列，灰褐色，有细毛；小枝有细毛。叶卵形或广卵形，长 5～15 cm，宽 5～12 cm，先端急尖、渐尖或圆钝，基部圆形至浅心形，边缘锯齿粗钝，无毛，背面沿脉有疏毛，脉腋有簇毛；叶柄长 1.5～5.5 cm，具柔毛；托叶披针形，早落，外面密被细硬毛。花单性，腋生或生于芽鳞腋内，与叶同时生出；雄花序下垂，长 2.0～3.5 cm，密被白色柔毛，雄花。花被片宽椭圆形，淡绿色。

花丝在芽时内折，花药 2 室，球形至肾形，纵裂；雌花序长 1～2 cm，被毛，总花梗长 5～10 mm，被柔毛，雌花无梗，花被片倒卵形，顶端圆钝，外面和边缘被毛，两侧紧抱子房，无花柱，柱头 2 裂，内面有乳头状突起。聚花果卵状椭圆形，长 1.0～2.5 cm，成熟时红色或暗紫色。花期 4～5 月，果期 5～8 月。

[生境与分布]

　　生于各种土壤，喜光，幼时稍耐阴，喜温暖湿润气候，耐寒、耐干旱、耐水湿能力强。分布于华南地区，山东、四川、江苏、浙江、湖南、河北等地。

[资源开发与利用现状]

　　桑树皮可以作为药材，可以造纸；桑木可以造纸，还可以用来制造农业生产工具；木材坚硬，可制家具、乐器、雕刻等；桑叶为养蚕的主要饲料，可作药用，并可作土农药；桑果不但可以充饥，还可酿酒，称桑子酒。

◎柘属

3.24.13　构棘 *Maclura cochinchinensis*（Loureiro）Corner

[别名]

柘根、穿破石、地棉根、拉牛入石、黄蛇

[形态特征]

直立或攀缘状灌木。枝灰褐色，根橙黄色，光滑，皮孔散生，具粗壮弯曲无叶的腋生刺，刺长约 1 cm。单叶互生；叶柄长 5 ～ 10 mm；叶片革质，倒卵状椭圆形、椭圆形或长椭圆形，长 3 ～ 9 cm，宽 1.0 ～ 2.8 cm，先端钝或渐尖，或有微凹缺，基部楔形，全缘，两面无毛；基出脉 3 条，侧脉 6 ～ 9 对。花单性，雌雄异株；球状花序单个或成对腋生，具短柄，被柔毛；雄花序直径约 6 mm，雄花具花被片 3 ～ 5，楔形，不相等，被毛；雌花序直径约 1.8 cm，雌花具花被片 4，先端厚有茸毛。聚花果球形，肉质，熟时橙红色，直径 3 ～ 5 cm，被毛；瘦果包裹在肉质的花被和苞片中。花期 4 ～ 5 月，果期 9 ～ 10 月。

[生境与分布]

生于山坡、溪边灌丛或山谷、林缘处。分布于安徽、浙江、江西、福建、湖北、湖南、广东、海南、广西、四川、贵州、云南等地。

[资源开发与利用现状]

果味甜，可鲜食或酿酒；性凉，具有抗炎镇痛、祛风、清热利湿、解毒消肿等功效，目前已被用于多种中药处方中，主治输卵管阻塞性不孕、肾石症、腰椎间盘突出、尿结石、风湿疼痛、瘀伤、黄疸、腮腺炎、肺结核、胃溃疡和十二指肠溃疡等症。

3.25　山柑科

◎斑果藤属

3.25.1　斑果藤 *Stixis suaveolens*（Roxb.）Pierre

[形态特征]

木质大藤本。小枝粗壮，圆柱形，干后淡红或淡黄褐色，被短柔毛，立即变无毛；节间不等长，长数毫米至 5 cm 或更长。叶革质，形状变异甚大，多为长圆形或长圆状披针形，长约为宽的 2 ～ 4 倍，最宽在叶片中部，有时略上或略下，长（10）15 ～ 28 cm，宽（3.5）4.0 ～ 10.0 cm，顶端近圆形或骤然渐尖，尖头长 5 ～ 12 mm，基部急尖至近圆形，两面无毛，最少在中脉上及附近密被水泡状小突起，中脉表面近平坦，背面突起，网状脉明显；叶柄粗壮，长（1.5）2.0 ～ 3.0（5.0）cm，有水泡状突起，近顶端膨大略呈膝状关节。总状花序腋生，有时分枝或成圆锥花序，长 15 ～ 25 cm，初时直立，后则下垂，序轴被短柔毛至被短茸毛；苞片线形至卵形，长约 3 mm，早落，被毛与序轴相同；花梗粗短，长 2 ～ 4 mm；花淡黄色，芳香；花托直径约 3.5 mm，盘状；萼片 6 片，少有 5 片，基部连生成 1 短筒，筒内无毛，片直立或开展，从不反折，椭圆状长圆形，长（4）5 ～ 6（9）mm，宽 2 ～ 3 mm，顶端急尖至钝形，两面密被茸毛；无花瓣；雌雄蕊柄长约 2 mm，近锥形，无毛；雄蕊（27）40 ～ 80，花丝与花药联接处细尖，花药背部着生；雌蕊柄长 7 ～ 10 mm，密被黄褐色柔毛；子房椭圆形，无毛，有时在基部附近被毛；花柱 3（4）个，顶端外弯，无柱头。核果椭圆形，长 3 ～ 5 cm，直径 2.5 ～ 4.0 cm，成熟时橘黄色，表面有淡黄色疣状斑点，内果皮薄而木质化；果柄全长 7 ～ 13 mm，直径约 5 mm。种子大型，1 粒，椭圆形。花期 4 ～ 5 月，果期 8 ～ 10 月。

[生境与分布]

生于亚热带与热带海拔 1 500 m 以下灌丛或疏林。分布于广东、海南、云南南部与东南部。

[资源开发与利用现状]

花具芳香，可供栽培观赏；嫩叶可为茶的代用品；果可食。

3.26 山茱萸科

◎ 山茱萸属

3.26.1 山茱萸 *Cornus officinalis* Sieb. & Zucc.

[别名]

山萸肉、肉枣、鸡足、萸肉、药枣、天木籽、实枣儿、枣皮

[形态特征]

落叶乔木或灌木。高 4 ～ 10 m；树皮灰褐色；小枝细圆柱形，无毛或稀被贴生短柔毛冬芽顶生及腋生，卵形至披针形，被黄褐色短柔毛。叶对生，纸质，卵状披针形或卵状椭圆形，长 5.5 ～ 10.0 cm，宽 2.5 ～ 4.5 cm，先端渐尖，基部宽楔形或近于圆形，全缘，表面绿色，无毛，背面浅绿色，稀被白色贴生短柔毛，脉腋密生淡褐色丛毛，中脉在上面明显，下面突起，近于无毛，侧脉 6 ～ 7 对，弓形内弯；叶柄细圆柱形，长 0.6 ～ 1.2 cm，上面有浅沟，下面圆形，稍被贴生疏柔毛。伞形花序生于枝侧，有总苞片 4，卵形，厚纸质至革质，长约 8 mm，带紫色，两侧略被短柔毛，开花后脱落；总花梗粗壮，长约 2 mm，微被灰色短柔毛；花小，两性，先叶开放；花萼裂片 4，阔三角形，与花盘等长或稍长，长约 0.6 mm，无毛；花瓣 4，舌状披针形，长 3.3 mm，黄色，向外反卷；雄蕊 4，与花瓣互生，长 1.8 mm，花丝钻形，花药椭圆形，2 室；花盘垫状，无毛；子房下位，花托倒卵形，长约 1 mm，密被贴生疏柔毛，花柱圆柱形，长 1.5 mm，柱头截形；花梗纤细，长 0.5 ～ 1.0 cm，密被疏柔毛。核果长椭圆

形，长 1.2 ～ 1.7 cm，直径 5 ～ 7 mm，红色至紫红色；核骨质，狭椭圆形，长约 12 mm，有几条不整齐的肋纹。花期 3 ～ 4 月，果期 9 ～ 10 月。

[生境与分布]

生于海拔 400 ～ 1 500 m、稀达 2 100 m 的林缘或森林。分布于山西、陕西、甘肃、山东、江苏、浙江、安徽、江西、河南、湖南等地。

[资源开发与利用现状]

本种（包括川鄂山茱萸）的果实称"萸肉"，俗名枣皮，供药用，味酸涩，性微温，为收敛性强壮药，具有补肝肾止汗的功效。

◎ 山茱萸属

3.26.2　秀丽四照花 *Cornus hongkongensis* subsp. *elegans* （W. P. Fang & Y. T. Hsieh） Q. Y. Xiang

[形态特征]

常绿小乔木或灌木，高 3 ～ 8 m，稀达 15 m。树皮灰白色或灰褐色，平滑；幼枝绿色，老枝灰色或灰褐色。冬芽小，尖圆锥形，长约 1.3 mm，被白色细伏毛。叶对生，亚革质，椭圆形或长圆椭圆形，长 5.5 ～ 8.2 cm，宽 2.5 ～ 3.5 cm，全缘，先端渐尖，基部钝尖或宽楔形，稀钝圆形，表面深绿色，有光泽，背面淡绿色，无毛，中脉在表面明显，背面突起，侧脉 3 ～ 4 对，弓形内弯，在上面稍明显，下面显著，干时网脉在稍两面明显；叶柄短，长 5 ～ 10 mm，上面有浅沟，下面圆形，无毛。头状花序球形，约由 45 ～ 55 朵花聚集而成，直径 8 mm；总苞片倒卵状长圆椭圆形，长 3.5 ～ 4.0 cm，宽 1.8 ～ 2.0 cm，先端急尖，基部楔形，两面均疏被褐色细伏毛；花萼管状，长 0.7 ～ 0.9 mm，上部 4 裂，裂片钝圆或钝尖，先端凹缺，外侧被白色贴生短柔毛，内侧无毛或略被白色短柔毛；花瓣 4，卵状椭圆形，长 2.0～2.5 mm，宽 0.8～1.0 mm；先端钝尖，基部狭窄，外侧疏被白色贴生短柔毛；雄蕊 4，花丝长 1.8～2.0 mm，花药椭圆形，2 室，长约 0.5 mm；花盘褥状，4 裂，厚约 0.5 mm，直径约 0.9 mm；花柱圆柱形，长 0.7～0.9 mm，有浅纵沟，疏被白色贴生短柔毛，柱头小，略为隆起；总花梗纤细，长 4～7 cm，除近顶部疏被白色贴生短柔毛外，其余部分无毛。果序球形，直径 1.5～1.8 cm，成熟时红色，微被白色贴生短柔毛；总果梗细圆柱形，长 4.5～9.0 cm，无毛。花期 6 月，果期 11 月。

[生境与分布]

生于海拔 250～1 200 m 的森林。多分布于山西、陕西、甘肃、山东、江苏浙江、安徽、江西、河南等地。在长江以南诸省及广东，云南亦见有自然分布。

[资源开发与利用现状]

果实营养丰富可食用，各部分的可入药；可用于常绿树为背景，而丛植于草坪、路边、林缘、池畔，作为庭园观花、观叶、观果园林绿化树种。

3.27 省沽油科

◎野鸦椿属

3.27.1 野鸦椿 *Euscaphis japonica*（Thunb.）Dippel

[别名]

酒药花、鸡肾果、鸡眼睛、小山辣子、山海椒

[形态特征]

落叶小乔木或灌木，高（2）3～6（8）m，树皮灰褐色，具纵条纹，小枝及芽红紫色，枝叶揉碎后发出恶臭气味。叶对生，奇数羽状复叶，长（8）12～32 cm，叶轴淡绿色，小叶5～9，稀3～11，厚纸质，长卵形或椭圆形，稀为圆形，长4～6（9）cm，宽2～3（4）cm，先端渐尖，基部钝圆，边缘具疏短锯齿，齿尖有腺休，两面除背面沿脉有白色小柔毛外余无毛，主脉在上面明显，在背面突出，侧脉8～11，在两面可见，小叶柄长1～2 mm，小托叶线形，基部较宽，先端尖，有微柔毛。圆锥花序顶生，花梗长达21 cm，花多，较密集，黄白色，直径4～5 mm，萼片与花瓣均5，椭圆形，萼片宿存，花盘盘状，心皮3，分离。蓇葖果长1～2 cm，每一花发育为1～3个蓇葖，果皮软革质，紫红色，有纵脉纹，种子近圆形，直径约5 mm，假种皮肉质，黑色，有光泽。花期5～6月，果期8～9月。

[生境与分布]

生于山脚和山谷，散生，常与一些小灌木混生。幼苗耐阴湿，大树则偏阳，喜光，耐瘠薄干燥，耐寒性较强。除西北地区外，全国均产，主产于江南各地，西至云南东北部分布较多。

[资源开发与利用现状]

木材可作器具用材；种子油可制皂；树皮提取烤胶；根及干果入药，具有祛风除湿的功效；也栽培作观赏植物。

3.28　石榴科

◎石榴属

3.28.1　石榴 *Punica granatum* L.

[别名]

安石榴、山力叶、丹若、若榴木、金罂、金庞、涂林、天浆、花石榴

[形态特征]

落叶灌木或乔木,高通常 3 ~ 5 m,稀达 10 m;枝顶常成尖锐长刺,幼枝具棱角,无毛,老枝近圆柱形。叶通常对生,纸质,矩圆状披针形,长 2 ~ 9 cm,顶端短尖、钝尖或微凹,基部短尖至稍钝形,上面光亮,侧脉稍细密;叶柄短。花大,1 ~ 5 朵生枝顶;萼筒长 2 ~ 3 cm,通常红色或淡黄色,裂片略外展,卵状三角形,长 8 ~ 13 mm,外面近顶端有黄绿色腺体 1,边缘有小乳突;花瓣通常大,红色、黄色或白色,长 1.5 ~ 3.0 cm,宽 1 ~ 2 cm,顶端圆形;花丝无毛,长达 13 mm;花柱长超过雄蕊。浆果近球形,直径 5 ~ 12 cm,通常为淡黄褐色或淡黄绿色,有时白色,稀暗紫色。种子多数,钝角形,红色至乳白色,肉质的外种皮供食用。

[分布]

生于海拔 300 ~ 1 000 m 的山上。喜温暖向阳的环境,耐旱、耐寒,耐瘠薄,不耐涝和荫蔽。原产于巴尔干半岛至伊朗及其邻近地区,全世界的温带和热带都有种植和分布。

[资源开发与利用现状]

果皮入药,称石榴皮,味酸涩,性温,能涩肠止血,主治慢性下痢及肠痔出血等症;根皮可驱绦虫和蛔虫;树皮、根皮和果皮均含多量鞣质(20% ~ 30%),可提制栲胶;叶翠绿,花大而鲜艳,故各地公园和风景区也常有种植,用以美化环境。

3.29 柿科

◎柿属

3.29.1 君迁子 *Diospyros lotus* L.

[别名]

黑枣、软枣、牛奶枣、野柿子、丁香枣、椑枣、小柿

[形态特征]

落叶乔木。高可达 30 m；树冠近球形或扁球形；树皮灰黑色或灰褐色，深裂或不规则的厚块状剥落；小枝褐色或棕色，有纵裂的皮孔；嫩枝通常淡灰色，有时带紫色，平滑或有时有黄灰色短柔毛。冬芽狭卵形，带棕色，先端急尖。叶近膜质，椭圆形至长椭圆形，长 5 ～ 13 cm，宽 2.5 ～ 6.0 cm，先端渐尖或急尖，基部钝，宽楔形以至近圆形，表面深绿色，有光泽，初时有柔毛，但后渐脱落，背面绿色或粉绿色，有柔毛，且在脉上较多，或无毛，中脉在背面平坦或下陷，有微柔毛，侧脉纤细，上面稍下陷，下面略突起，小脉很纤细，连接成不规则的网状；叶柄长 7 ～ 15（18）mm，有时有短柔毛，上面有沟。雄花 1 ～ 3 朵腋生，簇生，近无梗，长约 6 mm；花萼钟形，4 裂，偶有 5 裂，裂片卵形，先端急尖，内面有绢毛，边缘有睫毛；花冠壶形，带红色或淡黄色，无毛或近无毛，4 裂，裂片近圆形，边缘有睫毛；雄蕊 16 枚，每 2 枚连生成对，腹面 1 枚较短，无毛；花药披针形，先端渐尖；药隔两面都有长毛；子房退化；雌花单生，几无梗，淡绿色或带红色；花萼 4 裂，深裂至中部，外面下部有伏粗毛，内面基部有棕色绢毛，裂片卵形，先端急尖，边缘有睫毛；花冠壶形，长约 6 mm，4 裂，偶有 5 裂，裂片近圆形，反曲；退化雄蕊 8 枚，着生花冠基部，有白色粗毛；子房除顶端外无毛，8 室；花柱 4，有时基部有白色长粗毛。果近球形或椭圆形，直径 1 ～ 2 cm，初熟时为淡黄色，后则变为蓝黑色，常被有白色薄蜡层，8 室；种子长圆形，长约 1 cm，宽约 6 mm，褐色，侧扁，背面较厚；宿存萼 4 裂，深裂至中部，裂片卵形，长约 6 mm，先端钝圆。花期 5 ～ 6 月，果期 10 ～ 11 月。

[生境与分布]

生于海拔 500～2 300 m 的山地、山坡、山谷的灌丛或林缘。分布于山东、辽宁、河南、河北、山西、陕西、甘肃、江苏、浙江、安徽、江西、湖南、湖北、贵州、四川、云南、西藏等地。

[资源开发与利用现状]

成熟果实可供食用，亦可制成柿饼，入药可止消渴、去烦热，又可供制糖、酿酒、制醋；果实、嫩叶均可供提取维生素 C；未熟果实可提制柿漆，供医药和涂料用。木材质硬，耐磨损，可作纺织木梭、雕刻、小用具等；材色淡褐，纹理美丽，可作精美家具和文具；树皮可供提取单宁和制人造棉。本种的实生苗常用作柿树的砧木，但有角斑病严重危害，受病果蒂很多，易使柿树传染受害。

◎柿属

3.29.2 老鸦柿 *Diospyros rhombifolia* Hemsl.

[别名]

山柿子、野山柿、野柿子、丁香柿

[形态特征]

落叶小乔木。高 8 m 左右；树皮灰色，平滑；多枝，分枝低，有枝刺；枝深褐色或黑褐色，无毛，散生椭圆形的纵裂小皮孔；小枝略曲折，褐色至黑褐色，有柔毛。冬芽小，长约 2 mm，有柔毛或粗伏毛。叶纸质，菱状倒卵形，长 4.0～8.5 cm，宽 1.8～3.8 cm，先端钝，基部楔形，表面深绿色，沿脉有黄褐色毛，后变无毛，背面浅绿色，疏生伏柔毛，在脉上较多，中脉在上面凹陷，下面明显突起，侧脉每边 5～6 条，上面凹陷，下面明显突起，小脉纤细，结成不规则的疏网状；叶柄很短，纤细，有微柔毛。雄花生当年生枝下部；花萼 4 深裂，裂片三角形，先端急尖，有髯毛，边缘密生柔毛，背面疏生短柔毛；花冠壶形，两面疏生短柔毛，5 裂，裂片覆瓦状排列，先端有髯毛，边缘有短柔毛，外面疏生柔毛，内面有微柔毛；雄蕊 16 枚，每 2 枚连生，腹面 1 枚较短，花丝有柔毛；花药线形，先端渐尖；退化子房小，球形，顶端有柔毛；雌花散生当年生枝下部；花萼 4 深裂，几裂至基部，裂片披针形，先端急尖，边缘有柔毛，外面上部和脊上疏生柔毛，内面无毛，有纤细而凹陷的纵脉；花冠壶形，4 脊上疏生白色长柔毛，内面有短柔毛，4 裂，裂片长圆形，约和花冠管等长，向外反曲，顶端有髯毛，边缘有柔毛，内面有微柔毛，外面有柔毛；子房卵形，密生长柔毛，4 室；花柱 2，下部有长柔毛；柱头 2 浅裂；花梗纤细，长约 1.8 cm，有柔毛。果单生，球形，直径约 2 cm，嫩时黄绿色，有柔毛，后变橙黄色，熟时橘红色，有蜡样光泽，无毛，顶端有小突尖，有种子 2～4；种子褐色，半球形或近三棱形，长约 1 cm，宽约 6 mm，背部较厚，宿存萼 4 深裂，裂片革质，长圆状披针形，长 1.6～2.0 cm，宽 4～6 mm，先端急尖，有明显的纵脉；果柄纤细，长 1.5～2.5 cm。花期 4～5 月，果期 9～10 月。

[生境与分布]

生于山坡灌丛或山谷沟畔林。分布于浙江、江苏、安徽、江西、福建等地。

[资源开发与利用现状]

果可提取柿漆，供涂漆渔网、雨具等用；实生苗可作柿树的砧木。

◎柿属

3.29.3 罗浮柿 *Diospyros morrisiana* Hance

[别名]

乌蛇木、猴鬼子、猴子公、山柿、山红柿

[形态特征]

乔木或小乔木，高可达 20 m；树皮表面黑色，呈片状剥落，除芽、花序和嫩梢外无毛。枝灰褐色，散生长圆形或线状长圆形的纵裂皮孔；嫩枝疏被短柔毛。冬芽圆锥状，有短柔毛。叶薄革质，长椭圆形或下部卵形，先端短渐尖或钝，基部楔形，叶缘微背卷，表面有光泽，深绿色，背面绿色，干时表面常呈灰褐色，背面常变为棕褐色，中脉上面平坦，下面突起，侧脉纤细，上面略明显，下面稍突起，在老叶上的有时上面微凹下，斜向上生，梢端网结，小脉很纤细，结成疏网状，不明晰；叶柄嫩时疏被短柔毛，先端有很狭的翅。雄花序短小，腋生，下弯，聚伞花序式，有锈色绒毛；雄花带白色，花萼钟状，有绒毛，4 裂，裂片三角形，花冠在芽时为卵状圆锥形，开放时近壶形，4 裂，裂片卵形，反曲。雄蕊 16 ～ 20 枚，着生在花冠管的基部，每 2 枚合生成对，腹面 1 枚较短；花药有毛；花梗短，密生伏柔毛。雌花腋生，单生；花萼浅杯状，外面有伏柔毛，内面密生棕色绢毛，4 裂，裂片三角形；花冠近壶形，外面无毛，内面有浅棕色绒毛；裂片 4，卵形，先端急尖；退化雄蕊 6 枚；子房球形；花柱

4，通常合生至中部，有白毛；花梗长约 2 mm。果球形，直径约 1.8 cm，黄色，有光泽，4 室，每室有 1 种子；种子近长圆形，栗色，侧扁，背较厚；宿存警近平展，近方形，直径约 8 mm，外面近秃净，内面被棕色绢毛，4 浅裂；花期 5～6 月，果期 11 月。该种的果较小，几无柄，球形，直径约 1.3 cm；宿存萼近方形，直径约 8 mm；叶长椭圆形，长 5～10 cm，宽 2.5～4.0 cm；侧脉较少，每边约 6 条。

[生境与分布]

多生于山坡、山谷疏林或密林。分布于在广东、广西、福建、台湾、浙江、江西、湖南南部、贵州东南部、云南东南部、四川盆地等地。

[资源开发与利用现状]

茎皮、叶、果入药，具有解毒消炎的功效；未成熟果实可提取柿漆；木材可制家具；绿果熬成膏，晒干或研粉，外敷可治疗水、火烫伤；树皮煎水服，主治腹泻、赤白痢；成熟的果实可食用，柿味浓郁，但多味涩。

◎柿属

3.29.4 柿 *Diospyros kaki* Thunb.

[别名]

柿子

[形态特征]

落叶大乔木，通常高 10～14 m 或以上；树皮深灰色至灰黑色，或者黄灰褐色至褐色，沟纹较密，裂成长方块状；枝开展，带绿色至褐色，无毛，散生纵裂的长圆形或狭长圆形皮孔；嫩枝初时有棱，有棕色柔毛或茸毛或无毛。冬芽小，卵形，先端钝。叶纸质，卵状椭圆形至倒卵形或近圆形，通常较大，长 5～18 cm，宽 2.8～9.0 cm，先端渐尖或钝，基部楔形，钝，圆形或近截形，很少为心形，新叶疏生柔毛，老叶上面有光泽，深绿色，无毛，背面绿色，有柔毛或无毛，中脉在上面凹下，有微柔毛，在下面突起，上面平坦或稍凹下，下面略突起，下部的脉较长，上部的较短，向上斜生，稍弯，将近叶缘网结，小脉纤细，在上面平坦或微凹下，连结成小网状；叶柄变无毛，上面有浅槽。花雌雄异株，但间或有雄株中有少数雌花，雌株中有少数雄花的，聚伞花序腋生；雄花序小，长 1.0 ～ 1.5 cm，弯垂，有短柔毛或绒毛，有花 3 ～ 5 朵，通常有花 3 朵；总花梗长约 5 mm，有微小苞片；雄花小；花萼钟状，两面有毛，深 4 裂，裂片卵形，有睫毛；花冠钟状，不长过花萼的两倍，黄白色，外面或两面有毛，4 裂，裂片卵形或心形，开展，两面有绢毛或外面脊上有长伏柔毛，里面近无毛，先端钝，雄蕊 16 ～ 24 枚，着生在花冠管的基部，连生成对，腹面 1 枚较短，花丝短，先端有柔毛，花药椭圆状长圆形，顶端渐尖，药隔背部有柔毛，退化子房微小；雌花单生叶腋，长约 2 cm，花萼绿色，有光泽，直径约 3cm 或更大，深 4 裂，萼管近球状钟形，肉质，外面密生伏柔毛，里面有绢毛，裂片开展，阔卵形或半圆形，有脉，长约 1.5 cm，两面疏生伏柔毛或近无毛，先端钝或急尖，两端略向背后弯卷；花冠淡黄白色或黄白色带紫红色，壶形或近钟形，较花萼短小，4 裂，花冠管近四棱形，裂片阔卵形，上部向外弯曲；退化雄蕊 8 枚，着生在花冠管的基部，带白色，有长柔毛；子房近扁球形，直径约 6 mm，多少具 4 棱，无毛或有短柔毛，8 室，每室有胚珠 1 颗；花柱 4 深裂，柱头 2 浅裂；密生短柔毛。果形种种，有球形、扁球形、球形而略呈方形、卵形等，基部通常有棱，嫩时绿色，后变黄色，橙黄色，果肉较脆硬，老熟时果肉变成柔软多汁，呈橙红色或大红色等，有种子数颗；种子褐色，椭圆状，长约 2 cm，宽约 1 cm，侧扁；果柄粗壮，长 6 ～ 12 mm。花期 5 ～ 6 月，果期 9 ～ 10 月。

[生境与分布]

生于阳光充足、温暖、土壤深厚、肥沃、湿润、排水良好的土壤。原产于我国长江流域，分布于辽宁西部、长城一线经甘肃南部，折入四川、云南，在此线以南，东至台湾等地。

[资源开发与利用现状]

柿树是我国栽培悠久的果树，可提取柿漆（又名柿油或柿涩），用于涂渔网、雨具，填补船缝和作建筑材料的防腐剂等。在医药上，柿子具有止血润便、缓和痔疾肿痛、降血压的功效；柿饼具有润脾补胃、润肺止血的功效；柿霜饼和柿霜具有润肺生津、祛痰镇咳、压胃热、解酒、疗口疮的功效。柿蒂可下气止呃，治疗呃逆和夜尿症。柿树木材致密质硬，强度大，韧性强，可作纺织木梭、芋子、线轴，又可作家具、箱盒、装饰用材和小用具如提琴的指板和弦轴等。在绿化方面，柿树寿命长，是优良的景观树。

3.30 鼠李科

◎枳椇属

3.30.1 独龙江枳椇 *Hovenia acerba* var. *kiukiangensis*（Hu et Cheng）C. Y. Wu ex Y. L. Chen

[别名]

拐枣、鸡爪连、金钩梨、臭杞子、鸡爪子、弯朗朗

[形态特征]

高大乔木，高 10～25m；小枝褐色或黑紫色，被棕褐色短柔毛或无毛，

有明显白色的皮孔。叶互生，厚纸质至纸质，宽卵形、椭圆状卵形或心形，长 8 ~ 17 cm，宽 6 ~ 12 cm，顶端长渐尖或短渐尖，基部截形或心形，稀近圆形或宽楔形，边缘常具整齐浅而钝的细锯齿，上部或近顶端的叶有不明显的齿，稀近全缘，表面无毛，背面沿脉或脉腋常被短柔毛或无毛。叶柄长 2 ~ 5 cm，无毛。二歧式聚伞圆锥花序，顶生和腋生，被棕色短柔毛；花两性，直径 5.0 ~ 6.5 mm；萼片具网状脉或纵条纹，无毛，长 1.9 ~ 2.2 mm，宽 1.3 ~ 2.0 mm；花瓣椭圆状匙形，长 2.0 ~ 2.2 mm，宽 1.6 ~ 2.0 mm，具短爪；花盘被柔毛；花柱半裂，稀浅裂或深裂，长 1.7 ~ 2.1 mm，无毛。浆果状核果近球形，直径 5.0 ~ 6.5 mm，无毛，成熟时黄褐色或棕褐色；果序轴明显膨大；种子暗褐色或黑紫色，直径 3.2 ~ 4.5 mm。花期 5 ~ 7 月，果期 8 ~ 10 月。

[生境与分布]

生于海拔 650 ~ 1 800 m 山谷常绿阔叶林或混交林。分布于云南西北部至南部（俅江、贡山、景洪、勐海、西畴、富宁、屏边）、西藏东南部（察隅）。

[资源开发与利用现状]

木材细致坚硬，是建筑和制细木工用具的良好用材；果序轴肥厚，含有丰富的糖，可生食、酿酒、熬糖，民间常用以浸制酒，可治疗风湿；种子具有清凉利尿、解酒毒的功效，主治热病消渴、酒醉、呕吐、发热等症。

3.31 苏铁科

◎苏铁属

3.31.1 苏铁 *Cycas revoluta* Thunb.

[别名]

铁树、凤尾蕉、避火蕉、凤尾松、凤尾铁、凤尾草

[形态特征]

常绿乔木，高约 2 m 或更高，圆柱形如有明显螺旋状排列的菱形叶柄残痕。羽状叶从茎的顶部生出，下层的向下弯，上层的斜上伸展，整个羽状叶的轮廓呈倒卵状狭披针形，长 75 ～ 200 cm，叶轴横切面四方状圆形，柄略成四角形，两侧有齿状刺，水平或略斜上伸展；羽状裂片达 100 对以上，条形，厚革质，坚硬，长 9 ～ 18 cm，宽 4 ～ 6 mm，向上斜展微成 "V" 字形，边缘显著地向下反卷，上部微渐窄，先端有刺状尖头，基部窄，两侧不对称，下侧下延生长，上面深绿色有光泽，中央微凹，凹槽内有稍隆起的中脉，下面浅绿色，中脉显著隆起，两侧有疏柔毛或无毛。雌雄异株，花形各异；雄球花圆柱形，长 30 ～ 70 cm，直径 8 ～ 15 cm，有短梗，小孢子飞叶窄楔形，长 3.5 ～ 6.0 cm，顶端宽平，其两角近圆形，宽 1.7 ～ 2.5 cm，有急尖头，尖头长约 5 mm，直立，下部渐窄，上面近于龙骨状，下面中肋及顶端密生黄褐色或灰黄色长茸毛，花药通常 3 个聚生；大孢子叶长 14 ～ 22 cm，密生淡黄色或淡灰黄色茸毛，上部的顶片卵形至长卵形，边缘羽状分裂，裂片 12 ～ 18 对，条状钻形，长 2.5 ～ 6.0 cm，先端有刺状尖头，胚珠 2 ～ 6 枚，生于大孢子叶柄的两侧，有茸毛。种子红褐色或橘红色，倒卵圆形或卵圆形，稍扁，长 2 ～ 4 cm，直径 1.5 ～ 3.0 cm，密生灰黄色短茸毛，后渐脱落，中种皮木质，两侧有两条棱脊，上端无棱脊或棱脊不显著，顶端有尖头。花期 6 ～ 8 月，果期 10 月。

[生境与分布]

生于暖热、湿润的环境，不耐寒冷。分布于福建、广东、广西、江西、云南、

贵州及四川东部等地。

[**资源开发与利用现状**]

以叶、根、花及种子入药。四季可采根、叶，夏季采花，秋冬采种子，晒干。叶具有收敛止血、解毒止痛的功效，用于治疗各种出血、胃炎、胃溃疡、高血压、神经痛、闭经、癌症。花具有理气止痛、益肾固精的功效，用于治疗胃痛、遗精、白带异常、痛经；种子具有平肝、降血压的功效，用于治疗高血压；根具有祛风活络、补肾的功效，用于治疗肺结核咯血、肾虚牙痛、腰痛、白带异常、风湿关节麻木疼痛、跌打损伤。

3.32 桃金娘科

◎ **番石榴属**

3.32.1 番石榴 *Psidium guajava* L.

[**别名**]

芭乐、鸡屎果、拔子、喇叭番石榴

[**形态特征**]

番石榴的生活型属于灌木或小乔木。高 10 ~ 13 m；树皮平滑，呈片状剥落；嫩枝具棱，覆茸毛。叶片椭圆形或长圆形，长 6 ~ 12 cm，先端较尖，基部类圆形，正面粗糙，背面具稀疏茸毛；具侧脉 12 ~ 15 对，在正面凹下，在背面突出，具有明显的网脉；叶柄具柔软茸毛，长约 5 mm。花呈聚伞花序（2 ~ 3）或单生；花萼管呈钟状，覆茸毛，长约 5 mm，萼帽则呈类圆形，不规则开裂，长 7 ~ 8 mm；花瓣呈白色，长 1.0 ~ 1.4 cm，雄蕊长 6 ~ 9 mm；花柱和雄蕊等长。番石榴的浆果呈梨形、卵圆形或球形，长 3 ~ 8 cm，果实顶部有萼片宿存，果肉黄色或白色，胎座淡红色，肉质肥厚；果实种子数量较多。四季开花结果，花期主要集中在 4 ～ 5 月和 8 ～ 9 月，果期 6 ～ 9 月。

[生境与分布]

生于河谷、荒地或低丘陵。原产于南美洲。分布于广东和广西等地区。常见有野生种，在四川攀枝花市和云南丽江华坪县都可见逃逸野生种。

[资源开发与利用现状]

果实可生食，具有甘甜清脆、香气浓郁、口感独特等特点，富含蛋白质、维生素和矿质营养元素，能有效补充营养，可以开发成果汁、果干等多种食品。叶子、花和果实均可入药。花蕾对消化不良具有一定的缓解功效；叶子含有黄酮、多酚、鞣质和多糖等多种活性物质，具有较好的抗氧化、抗菌、抗炎、健胃和降血糖等功效，可用于治疗急性腹泻、肠炎和痢疾等疾病，还可以晒干制成茶叶，味道甘甜，清热解毒。果实中的活性物质和叶子中的类似，在《广东省中药标准》中有记载，嫩果的果汁有利于降血压。

◎蒲桃属

3.32.2　赤楠 *Syzygium buxifolium* Hook.et Arn.

[别名]

鱼鳞木、牛金子、黄杨叶蒲桃、赤楠蒲桃、赤楠报、罗雷树、赤兰、山石榴、瓜子柴、细子莲、瓜子木、假黄杨

[形态特征]

小乔木或灌木，植株高约 5m；幼枝有棱，干后呈褐黑色。叶片椭圆形，有时倒卵形或宽倒卵形，长 1.5 ～ 3.0 cm，宽 1 ～ 2 cm，顶端钝或圆，有时钝尖状，表面无光泽暗黑色，背面有腺点颜色稍浅；侧脉密集，背面略突出，表面不明显，脉间距离 1.0 ～ 1.5 mm；叶柄长约 2 mm。聚伞花序顶生，长约 1 cm，有花数朵；花梗长 1 ～ 2 mm；花蕾长约 3 mm；萼管倒圆锥形，长约 2 mm，萼齿浅波状；雄蕊长约 2.5 mm；花柱与雄蕊等长。果实球形，直径 5 ～ 7 mm，成熟时紫黑色。花期 6 ～ 8 月；果期 10 ～ 11 月。

[生境与分布]

生长于低山疏林或灌丛。分布于广东、广西、安徽、浙江、台湾、福建、江西、湖南、贵州等地。

[资源开发与利用现状]

株型优雅，具有很好的观赏性，可作盆栽和行道树用途。全株皆可入药，其根味甘，性平，具有清热解毒、利水平喘等功效，在瑶医常用于治疗浮肿、哮喘、黄疸型肝炎、疮疖等症；同时赤楠中含有黄酮类、三萜、甾醇类和挥发油等化学成分，具有抗菌、抗氧化等药理活性。

赤楠的食用价值开发潜力巨大。果肉富含维生素 C、蛋白质和还原糖，比常见的果蔬更高；还含有多种氨基酸，例如对抗疲劳和保护大脑具有重要作用的谷氨酸和天冬氨酸较高，以及婴儿发育必需的组氨酸；赤楠果肉矿质元素钾含量高，钠含量低，有助于治疗和预防高血压；而微量元素中 Zn /Cu 比值较低，

有助于降低冠心病的发病概率，对心脏病患者也有一定的益处。

◎蒲桃属

3.32.3 轮叶赤楠 *Syzygium buxifolium* var. *verticillatum* C. Chen

[形态特征]

常绿乔木或灌木；嫩枝通常无毛，有时具 2 ～ 4 棱。叶对生，少数轮生，叶片革质，羽状脉常较密，少数为疏脉，有透明腺点；有叶柄，少数近于无柄。花 3 朵至多数，有梗或无梗，顶生或腋生，常排成聚伞花序式再组成圆锥花序；苞片细小，花后脱落；萼管倒圆锥形，有时棒状，萼片 4 ～ 5，稀更多，通常钝而短，脱落或宿存；花瓣 4 ～ 5，分离或连合成帽状，早落；雄蕊多数，分离，偶有基部稍微连合，着生于花盘的外围，在花芽时卷曲，花丝稍长，花药细小，"丁"字着生，2 室，纵裂，顶端常有腺体；子房下位，2 室或 3 室，每室有胚珠多数，花柱线形。浆果或核果状，顶部有残存的环状萼檐；种子通常 1 ～ 2颗，种皮多少与果皮粘合；胚直，有时为多胚，子叶不粘合。花期 6 ～ 8 月，果期 10 ～ 11 月。

[生境与分布]

生于海拔 200 ～ 1 200 m 的灌丛、茂密森林、林地、混交林中,在山坡、山顶、山谷和沟壑都常见。分布于我国广东、广西、福建、贵州、江西、湖南、安徽等地。

[资源开发与利用现状]

参照赤楠。

◎蒲桃属

3.32.4　蒲桃 *Syzygium jambos*（L.）Alston

[别名]

广东葡桃、水桃树、水石榴、水蒲桃

[形态特征]

大型乔木,高度可达 10 m,主干短;分枝多,嫩枝呈圆柱形。叶片披针形或长圆形,长约 20 cm,宽约 4 cm;叶基部宽楔形,先端渐尖形,正面和背面均具透明腺点;侧脉对生,有 12 ～ 16 对,叶背面有明显网脉,间距约 1 cm;叶柄长 6 ～ 8 mm。聚伞花序顶生,开花数量多;花梗长 1 ～ 2 cm,花白色,直径 3 ～ 4 cm;萼管倒圆锥形,长 8 ～ 10 mm;分隔型花瓣,呈宽卵形,长约 14 mm;雄蕊长 2.0 ～ 2.8 cm,花药长约 1.5 mm;花柱与雄蕊等长。蒲桃果实圆球形,实心;果皮肉质,直径 3 ～ 5 cm,成熟时黄色,有油腺点。种子一般为 1 ～ 2。花期 3 ～ 4 月,果期 5 ～ 6 月。

[生境与分布]

生于溪边或沟谷低湿处,喜温暖多湿气候。分布于在广东、广西、台湾、福建、贵州、云南等地。

[资源开发与利用现状]

药用历史悠久，已纳入《广东省中药材标准》，在《本草再新》也早有记载，其茎、果实、种子、叶和根都可入药，不同部位具有不同的功效。茎具有驱寒保暖、温肺止咳的功效；壳具有补肺止嗽、破血消肿等功效；叶性寒，具有清热解毒的功效，捣烂后可用于治疗口舌生疮、疮疡、痘疮等；种子具有健脾、止泻的功效，主治糖尿病和泄泻久痢。现代医学研究表明，多酚类化合物、萜类、黄酮类以及挥发油等是水蒲桃的主要有效成分，具有降血糖、抗炎症、抗氧化、抗病原微生物以及抗肿瘤等广泛的药理活性，具有很大的药用价值和应用前景。

果皮可食，味道甘甜，富有香味，矿质元素及维生素 B1 和 B2 含量丰富。矿质元素含量远高于其他水果，含有 8 种必需氨基酸，糖分适宜，风味良好，具有一定的食用开发价值。

蒲桃树形优美，花果期长，常用作行道树。

◎桃金娘属

3.32.5　桃金娘 *Rhodomyrtus tomentosa*（Ait.）Hassk.

[别名]

山稔、豆稔、稔子、桃娘、当梨、岗稔、岗念

[形态特征]

　　灌木，高达 2 m；嫩枝具密集的灰色茸毛；叶片革质，对生，呈椭圆形或倒卵形，长 3 ～ 8 cm，宽 1 ～ 4 cm；先端钝形或圆形，常有小凹陷，基部宽宽楔形，表面无毛，背面有灰白色茸毛；具中脉、侧脉和网脉；叶柄长 4 ～ 7 mm，有茸毛。花一般单生，紫红色或粉红色；花萼筒倒卵形，长约 6 mm，具灰白色茸毛，圆形萼齿宿存，基部具卵形苞片 2 枚；雄蕊红色，长 7 ～ 8 mm，花药圆形；花柱长约 1 cm，基部具绒毛。果实卵形或壶形，长 1.5 ～ 2.0 cm，为浆果，成熟后黑紫色。花期 4 ～ 5 月，果期 7 ～ 8 月。

[生境与分布]

　　生于丘陵坡地，为酸性土壤的重要指示植物。分布于广东、广西、福建、台湾、云南、贵州及湖南等地。

[资源开发与利用现状]

　　根系发达，适应能力强，常用于水土保持和植被绿化等；花期长达 4 个月，具有较好的观赏价值。

　　果实可鲜食、泡酒，也可综合开发成果酱、果汁和果脯等多个类型的深加工产品；富含多种矿物和微量元素，可开发果酒和果汁饮料等；花青素等含量很高，可以提取天然的食用色素，作食品的着色用，绿色安全无公害。

　　根、茎、叶和果实都可入药。在传统中医的中草药汇编中就有诸多记载，如根中含酚类和鞣质等成分，具有治疗肝炎、慢性胃炎、消化不良及降血脂等功效；果实具有安胎保胎和补血益气的功效，可用于治疗和改善血气不足、食欲不振和耳鸣等病症；叶可用来治疗消化不良和慢性痢疾，还可外敷以治疗外伤出血等症。

3.33　藤黄科

◎藤黄属

3.33.1 木竹子 *Garcinia multiflora* Champ. ex Benth.

[别名]

多花山竹子、山竹子、山橘子、竹节子

[形态特征]

乔木或灌木，高 5 ～ 15 m，树干直径 20 ～ 40 cm；树皮白灰色，表皮粗糙，嫩枝翠绿色，有纵向纹路。叶片卵形、长圆卵形或倒卵形，长 7 ～ 16 cm，宽 3 ～ 8 cm，先端尖或钝，基部呈阔楔形，叶表面呈绿色，背面呈深绿色或褐色，中脉在证明下凹，在背面突起，有侧脉 10 ～ 15 对，网脉不明显，叶柄长 0.6 ～ 1.2 cm。木竹子花杂性，同株；雌花序有 1 ～ 5 朵，退化的雄蕊束短，束柄约 1.5 mm，比雌蕊短；雄花序聚伞状圆锥花序，长 5 ～ 7 cm，时而单生，雄花直径 2 ～ 3 cm，花梗长约 1.5 cm；花萼有 4 片，2 大 2 小，花瓣橘黄色或橙色，倒卵形，长约 2 cm，花丝有 4 束，束柄长约 3 mm，单束花药约 50 枚；子房椭圆形，2 室，无花柱，柱头圆盾形。果实倒卵形或圆球形，长约 5 cm，直径约 3 cm，成熟后黄色，柱头宿存；种子 1 ～ 2，椭圆形。花期 6 ～ 8 月，果期 11 ～ 12 月，偶见花果同期。

[生境与分布]

生于山坡疏林或密林，以及沟谷边缘的灌丛。分布于广东、广西、贵州南部、福建、湖南西南部、海南、台湾等地。

[资源开发与利用现状]

树干挺直，具有材质厚实、纹路细腻等特点，可用于建材、家具和木雕等；树形美观，在园林绿化和水土保持等用途具有重要价值。

果实熟透后可生食，口味酸甜，香气特殊，单宁含量较高，不宜多食；果实中总酸、总糖含量较高，可作为果味饮品制作的原材料；含有锌、铜、铁、钾等多种微量和常量元素，至少 6 种人体必需氨基酸和多种具有保健和药效功能的氨基酸，以及丰富的维生素 C，具有较高营养和保健价值。

木竹子的果实、根及树皮都可入药，具有消炎止痛的功效，可用于治疗烧伤、湿疹和疮疖等；枝叶含有黄酮、蒽酮和苯三酚等多种抗菌、抗病毒和抗炎的活性物质，具有一定的药用开发价值；同时木竹子的种子和种仁的含油量都达到 50% 以上，可提取后用于制造肥皂和机械润滑油等。

◎藤黄属

3.33.2 莽吉柿 *Garcinia mangostana* L.

[别名]

倒捻子、风果、山竹子、山竹、山竺、山竺子

[形态特征]

小乔木，高达 20 m；分枝密集，交互对生，嫩枝有棱；叶片厚实革质，有光泽，矩圆形或椭圆形，长约 20 cm，宽约 10 cm，先端短而尖，基部类圆形或阔楔形，表面和背面都可见中脉突起，侧面数量多达 50 对，在叶缘内联结；叶柄粗壮，长约 2 cm。雄花生于枝条顶部，2～9 簇，花柄短。雄蕊并生成 4 束，退化的雌蕊呈圆锥状；雌花对生或单生，附生于树枝顶部，略大于雄花，直径约 5 cm，花柄长约 1.2 cm；子房有 5～8 室。果实未成熟时黄色，逐渐变成紫红

色；种子 4 ～ 5，假种皮白色，多汁。花期 9 ～ 10 月，果期 11 ～ 12 月。

[生境与分布]

生长需要弱光环境，郁闭度 40% ～ 75% 最适宜山竹的生长，喜温湿环境。广东、云南、福建和台湾等都有引种和试种。

[资源开发与利用现状]

果肉香味芬芳，富含膳食纤维、维生素、糖类和蛋白质，还含有磷、钾、钙和镁等多种矿质元素，可生食、榨汁和制作沙拉，还可以做成果脯和罐头等深加工产品；叶干燥后可以制成茶叶来泡茶；果壳中的红色素和花青素等色素可以提取纯化后作为天然色素和染料，可在食品和日用品产业中广泛使用。

山竹入药的历史悠久，在中医里具有清热降火燥、美容美肤的功效，对肝火旺盛、皮肤不佳都有一定改善作用。将山竹果壳切片烘干，可用来治疗腹泻、腹痛、痢疾和胃溃疡等肠胃病；树皮、叶片和根等部位也有类似功效；果皮中还含有丰富的黄酮和原花青素等活性物质，具有消炎、抗氧化和抗过敏等药理活性，具备天然无毒、经济安全等特点。

3.34　仙人掌科

◎仙人掌属

3.34.1 梨果仙人掌 *Opuntia ficus-indica*（L.）Mill.

[形态特征]

丛生肉质灌木，高（1.0）1.5 ～ 3.0 m ；上部分枝宽倒卵形、倒卵状椭圆形或近圆形，长 10 ～ 35（40）cm，宽 7.5 ～ 20.0（25.0）cm，厚达 1.2 ～ 2.0 cm，先端圆形，边缘通常不规则波状，基部楔形或渐狭，绿色至蓝绿色，无毛；小窠疏生，直径 0.2 ～ 0.9 cm，明显突出，成长后刺常增粗并增多，每小窠具（1）3 ～ 10（20）根刺，密生短绵毛和倒刺刚毛；刺黄色，有淡褐色横纹，粗钻形，多少开展并内弯，基部扁，坚硬，长 1.2 ～ 4.0（6.0）cm，宽 1.0 ～ 1.5 mm，倒刺刚毛暗褐色，长 2 ～ 5 mm，直立，多少宿存；短棉毛灰色，短于倒刺刚毛，宿存。叶钻形，长 4 ～ 6 mm，绿色，早落。花辐状，直径 5.0 ～ 6.5 cm；花托倒卵形，长 3.3 ～ 3.5 cm，直径 1.7 ～ 2.2 cm，顶端截形并凹陷，基部渐狭，绿色，疏生突出的小窠，小窠具短棉毛、倒刺刚毛和钻形刺；萼状花被片宽倒卵形至狭倒卵形，长 10 ～ 25 mm，宽 6 ～ 12 mm，先端急尖或圆形，具小尖头，黄色，具绿色中肋；瓣状花被片倒卵形或匙状倒卵形，长 25 ～ 30 mm，宽 12 ～ 23 mm，先端圆形、截形或微凹，边缘全缘或浅啮蚀状；花丝淡黄色，长 9 ～ 11 mm；花药黄色；花柱长 11 ～ 18 mm，淡黄色；柱头 5，黄白色。浆果倒卵球形，顶端凹陷，基部多少狭缩成柄状，长 4 ～ 6 cm，直径 2.5 ～ 4.0 cm，表面平滑无毛，紫红色，每侧具 5 ～ 10 个突起的小窠，小窠具短棉毛、倒刺刚毛和钻形刺；种子多数，扁圆形，边缘稍不规则，无毛，淡黄褐色。花期 6 ～ 10 月，果期 7 ～ 12 月。

[生境与分布]

生于海拔 300 ～ 2 900 m 的干热河谷或石灰岩山地。分布于广东、广西南部和海南沿海地区。

[资源开发与利用现状]

通常栽作围篱；茎供药用；浆果酸甜，可食。

3.35　小檗科

◎ 小檗属

3.35.1 黑果小檗 *Berberis atrocarpa* Schrenk.

[别名]

山李子

[形态特征]

　　常绿灌木，高 1 ～ 2 m。枝棕灰色或棕黑色，具条棱或槽，散生黑色疣点；茎刺三分叉，长 1 ～ 4 cm，淡黄色，腹面扁平。叶厚纸质，披针形或长圆状椭圆形，长 3 ～ 7 cm，宽 7 ～ 14 mm，先端急尖，基部楔形，上面深绿色，有光泽，中脉凹陷，背面淡绿色，中脉明显隆起，两面侧脉和网脉微显，不被白粉；叶缘平展或微向背面反卷，每边具 5 ～ 10 刺齿，偶有近全缘；具短柄。花 3 ～ 10 朵簇生；花梗长 5 ～ 10 mm，光滑无毛，带红色；花黄色；萼片 2 轮，外萼片长圆状倒卵形，长约 4 mm，宽约 2 mm，内萼片倒卵形，长约 7 mm，宽约 4 mm；花瓣倒卵形，长约 6 mm，宽约 4.5 mm，先端圆形，深锐裂，基部楔形，具分离腺体 2；雄蕊长约 4 mm；胚珠 2，无柄或具短柄。浆果黑色，卵状，长约 5 mm，直径约 4 mm，顶端具明显宿存花柱，不被白粉。花期 4 月，果期 5 ～ 8 月。

[生境与分布]

　　生于海拔 600 ～ 2 800 m 山坡灌丛、马尾松林、云南松林、常绿阔叶林缘或岩石。分布于四川、云南、湖南等地。

[资源开发与利用现状]

　　果实含葡萄糖、果糖，以及多种人体所需的维生素、有机酸、微量元素和色素类等物质，其茎皮及根含小檗碱，常用于治疗痢疾、肠炎、咽炎、湿疹、高血压、高血脂等疾病。其天然色素类具有一定的营养和生理活性，被广泛应用于食品、化妆品和医药领域。果实具有清热降燥、泻火解毒的功效，主治痢疾、肠炎、咽炎、口腔炎、湿疹、疖肿。

3.36 杨梅科

◎杨梅属

3.36.1 杨梅 *Morellar rubra* Lour.

[别名]

水晶杨梅、白沙杨梅

[形态特征]

常绿乔木，高可达 15 m 以上；树皮灰色，老时纵向浅裂；叶革质，无毛，长椭圆状或楔状披针形，顶端渐尖或急尖，边缘中部以上具稀疏的锐锯齿，中部以下常为全缘，基部楔形；干燥后中脉及侧脉在上下两面均显著，在下面更为隆起；叶柄长 2 ～ 10 mm。花雌雄异株。雄花序单独或数条丛生于叶腋，圆柱状，长 1 ～ 3 cm，通常不分枝呈单穗状，基部的苞片不孕，每苞片腋内生 1 雄花。雄花具卵形小苞片 2 ～ 4，雄蕊 4 ～ 6 枚；花药椭圆形，暗红色，无毛。雌花序常单生于叶腋，较雄花序短而细瘦，每苞片腋内生 1 雌花。雌花通常具卵形小苞片 4；子房卵形，极小，无毛，顶端极短的花柱及鲜红色的细长的柱头 2，其内侧为具乳头状突起的柱头面。每一雌花序仅上端 1（稀 2）雌花能发育成果实。核果球状，外表面具乳头状突起，外果皮肉质，多汁液及树脂，味酸甜，成熟时深红色或紫红色；核常为阔椭圆形或圆卵形，略成压扁状，长 1.0 ～ 1.5 cm，宽 1.0 ～ 1.2 cm，内果皮极硬，木质。4 月开花，6 ～ 7 月果实成熟。

[生境与分布]

生于海拔 125 ～ 1 500 m 的山坡或山谷林。主要分布于浙江、广东等地。

[资源开发与利用现状]

果实富含维生素、有机酸、果酸，既能开胃生津、消食解暑，又能阻止体

内的糖向脂肪转化，有助于减肥；果肉中的纤维素可刺激肠管蠕动，有利于体
内有害物质的排出。

◎杨梅属

3.36.2 青杨梅 *Morella adenophora* （Hance）J. Herb

[别名]

恒春杨梅

[形态特征]

常绿灌木，树高 1 ～ 3 m。枝小细瘦，密被毡毛及金黄色腺体；叶薄革质，叶柄长约 2 ～ 10 mm，密生毡毛，叶片椭圆状倒卵形至短楔状倒卵形，中部以上常具少数粗大的尖或钝的锯齿，基部楔形，幼嫩时表面密被金黄色腺体，后来脱落而在叶表面留下凹点，背面密被不易脱落的腺体，上下两面仅中脉上有短柔毛。雌雄异株。雄花序单生于叶腋，因而呈单一穗状花序；分枝基部具 1 ～ 5 枚不孕性苞片，基部以上具 1 ～ 4 雄花。雄花无小苞片。雌花序单生于叶腋；分枝极短，具 2 ～ 4 枚不孕性苞片及 1 ～ 3 雌花。雌花常具 2 小苞片，子房近无。花期 4 月，果期 6 ～ 7 月。

[生境与分布]

生于山谷或树林。分布于广东、广西等地。

[资源开发与利用现状]

具有生津止渴、和胃消食的功效，对于食后饱胀、饮食不消、津伤口渴等症有较好的食疗效果；含有一定的抗癌物质，对肿瘤细胞的生长有抑制作用；对大肠杆菌、痢疾杆菌等细菌有抑制作用，用于治疗痢疾、腹痛，对下痢不止者有良效；杨梅含有大量的维生素 C，不仅直接参与人体糖的代谢和氧化还原过程，增强毛细血管的通透性，还具有降血脂，阻止致癌物质在体内合成等功效。

3.37　野牡丹科

◎野牡丹属

3.37.1　地稔 *Melastoma dodecandrum* Lour.

[别名]

地菍、乌地梨、铺地锦、埔淡

[形态特征]

匍匐小灌木，株高约 30 cm；茎匍匐上升，逐段生根，分枝较多；嫩枝覆有粗糙茸毛。叶片卵形或椭圆形，顶部尖，基部宽楔形，长约 4 cm，宽约 3 cm，叶片基部延伸出 3 ～ 5 条叶脉，正面叶边缘常有粗糙茸毛，背面少有茸毛，侧脉平行互生；叶柄长约 6 mm，具茸毛。地菍花属于顶生聚伞花序，有 1 ～ 3 朵花，基部有 2 个叶形总苞，比叶小；花梗长 2 ～ 10 mm，顶部有 2 个苞片；苞片卵形，长约 3 mm，宽约 1.5 mm；花瓣紫红色或淡红色，菱形或倒卵形，长约 2 cm，宽约 1.5 cm；雄蕊有长有短；子房下位，顶部有刺毛。果实坛状或球形，平整，顶部中心有凹陷，无开裂，长约 9 mm，直径约 7 mm。花期 5 ～ 7 月，果期为 7 ～ 9 月。

[生境与分布]

生于海拔 1 250 m 以下的山坡矮草丛中，为酸性土壤中的常见植物。分布于广西、广东、贵州、湖南、江西、浙江、福建等地。

[资源开发与利用现状]

地菍贴地生长，叶片繁密，可连片形成地被层，叶片、花朵和果实颜色各异，具有较高的观赏价值。

地菍属于浆果，果实中的还原糖含量极高，维生素 C 含量较高，含有人体必需的苏氨酸、缬氨酸、蛋氨酸等 7 种氨基酸，还有婴幼儿生长发育必需的组氨酸，以及含有磷、钙、镁、铁和锌等多种矿质元素，各元素含量适中，具有低钠高钾的特点，有助于体内的酸碱平衡，可以提取天然色素用于食品加工，如果酒、糖果和点心的着色。

全株都可药用，具有止血化瘀、清热解毒和补胎安神等，常用于治疗发热、牙痛、水肿、止泻、咽喉肿痛等症，还具有降血糖、降血脂、抗肿瘤、抗衰老等功效。

◎野牡丹属

| 3.37.2 | 毛菍 *Melastoma sanguineum* Sims. |

[别名]

毛稔、毛菍、枝毛野牡丹

[形态特征]

大灌木，高达 3 m，其茎干、侧枝、叶柄、花梗及花萼都覆有平整的较长粗茸毛，茸毛基部胀大。叶片坚硬，卵状披针形或披针形，顶部逐渐变尖，基部圆或钝，长 8 ～ 20 cm，宽 3 ～ 8 cm，从叶基部延伸出 5 条叶脉，表面叶脉稍有凹陷，背面叶脉突出，无明显侧脉，叶片表面和背面都有粗糙茸毛，叶柄长约 3 cm。毛菍花是顶生伞房花序，花常仅有 1 朵，偶见 3 ～ 5 朵；花苞片戟形，顶部尖，背面有短茸毛；花梗长约 5 mm，花萼管长约 2 cm，直径约 2 cm，有 5 ～ 7 片裂片，呈三角形，长约 1 cm，宽 4 cm；花瓣有 5 ～ 7 片，紫红或粉红色，倒卵形，长约 5 cm，宽约 2 cm；雄蕊有长有短；子房半下位，覆有密集硬毛；果实球形或杯状，宿存花萼包住肉质胎座。花期几乎全年，但通常在 8 ～ 10 月。

[生境与分布]

生于 400 m 以下的低海拔地区，常见于坡脚、沟边，以及灌木丛中。分布于广东、广西和海南等地。

[资源开发与利用现状]

花和果形态优雅，树形紧凑，可以单独种植和连片种植，可作为庭园和道路观赏的园林植物和观赏植物；果实可生食，可制作成果汁和果脯。在《常用中草药手册》和《广西本草选编》中有记载，根和叶都可入药，叶片捣碎外敷可止血化瘀，用于治疗跌打损伤、疮疖和蚊虫叮咬等症；茎皮含有鞣质等药理活性物质，可作为原料开发；根具有止血收敛和健胃消食功效，可用于治疗腹泻、痢疾、止血、止痛。食用和药用潜力仍有待开发。

◎ **野牡丹属**

3.37.3 印度野牡丹 *Melastoma malabathricum* L.

[别名]

暴牙郎、毡帽泡花、炸腰花、洋松子、麻叶花、鸡头肉、猪姑稔、肖野牡丹、黑口莲、灌灌黄、张口叭、喳吧叶、老虎杆、基尖叶野牡丹、山甜娘、瓮登木、

乌提子、野广石榴、催生药、酒瓶果、展毛野牡丹、多花野牡丹

[形态特征]

灌木，高度约为 1 m，茎呈类圆柱形或钝棱形，分支多而密集，覆有密集的鳞片状长粗毛和短茸毛，边缘呈流苏状。叶片呈椭圆形或卵形，顶部尖，基部呈圆形或类心形，长 1～10 cm，有 5 脉从基部伸展，侧脉稍突起；叶片正面覆有密集粗糙伏毛，背面覆粗糙伏毛和茸毛，叶柄长约 1 cm，覆有密集伏毛。野牡丹花属于顶生伞房花序，有花约 10 朵，基部有 2 片总苞，苞片呈披针状或钻形，长 2～4 mm，覆粗糙伏毛；花梗长 3～10 mm，覆有茸毛；花萼长约 1.5 cm，覆鳞片状伏毛；花瓣呈红色或粉红色，呈倒卵形，长约 2 cm，顶部呈圆形，雄蕊部分较长，部分较短；子房覆有密集茸毛，顶部有密集硬毛。果实呈坛形或圆球形，顶部平整，与宿存花萼连生，宿存花萼覆有鳞片状粗糙茸毛，种子嵌于胎座中。花期 2～5 月，果期 8～12 月。

[生境与分布]

生于山坡灌草丛中或疏林下，为酸性土壤中的常见植物。分布于广东、广西、四川、福建、台湾等地。

[资源开发与利用现状]

其花瓣性状优美，花色呈粉红或瑰红，色彩艳丽，花期长达数月，具有很高的观赏价值，在园林绿化中应用越来越多。

整株入药，具有促进消化、止血散瘀等功效，可治疗肠炎腹泻和痢疾等症；植株捣碎后可外敷用于治疗外伤出血；根熬煮后与胡椒同服，有利于催生；提取的活性物质可抑制伤寒杆菌、金色葡萄球菌、和溶血性链球菌等微生物。

3.38 银杏科

◎银杏属

3.38.1 银杏 *Ginkgo biloba* L.

[别名]

白果、公孙树、鸭脚子、鸭掌树

[形态特征]

落叶乔木，高达 40 m，胸径可达 4 m；幼树树皮浅纵裂，大树树皮灰褐色，深纵裂，粗糙；幼年及壮年树冠圆锥形，老则广卵形。叶扇形，有长柄，淡绿色，无毛，有多数叉状并列细脉，顶端宽 5～8 cm，在短枝上常具波状缺刻，在长枝上常 2 裂，基部宽楔形。球花雌雄异株，单性，生于短枝顶端的鳞片状叶的腋内，呈簇生状；雄球花葇荑花序状，下垂。雄蕊排列疏松，具短梗，花药常 2 个，长椭圆形，药室纵裂，药隔不发；雌球花具长梗，梗端常分两叉，稀 3～5 叉或不分叉，每叉顶生一盘状珠座，胚珠着生其上。种子具长梗，下垂，常为椭圆形、长倒卵形、卵圆形或近圆球形状，外种皮肉质，熟时黄色或橙黄色，外被白粉，有臭叶，中种皮白色，骨质，具条纵脊 2～3，内种皮膜质，淡红褐色；胚乳肉质，味甘略苦；子叶 2 枚，稀 3 枚。银杏树一般在 3～4 月开始萌动展叶，4～5 月开花，并在 9～10 月种子成熟，10 月以后开始落叶。

[生境与分布]

生于海拔 500～1 000 m、酸性黄壤、排水良好地带的天然林。银杏为中生代孑遗的稀有树种，系中国特产。在国内分布甚广，北自东北沈阳，南达广州，东起华东海拔 40～1 000 m 地带，西南至贵州、云南西部（腾冲）海拔 2 000 m 以下地带均有栽培。

[资源开发与利用现状]

果可作食药用途。果肉内含黄酮、内酯、白果酸、白果醇、白果酚、鞣酸、抑菌蛋白及多糖等有效成分，具有抑制真菌、抗过敏、改善大脑功能、延缓老年人大脑衰老、增强记忆能力等功效。除此以外，银杏还具有耐缺氧、抗疲劳和延缓衰老的作用。银杏果富含腰果酸、镁、钾、钙、锌等 20 余种营养素。叶中除了含有活性成分外，还含有多种营养成分，尤其是蛋白质、糖、维生素 C、维生素 E、胡萝卜素、类胡萝卜素、花青素等含量丰富。银杏树形优美，春夏季叶色嫩绿，秋季变成黄色，颇为美观，可作庭园树及行道树。

3.39　芸香科

◎飞龙掌血属

3.39.1　飞龙掌血 *Toddalia asiatica*（L.）Lam.

[别名]

黄椒、三百棒、飞龙斩血、见血飞、黄大金根、血棒头、飞见血，血见愁、大救驾、下山虎、簕钩、牛麻簕藤、小金藤、散血丹

[形态特征]

木质藤本，老茎干有较厚的木栓层及黄灰色、纵向细裂且突起的皮孔；三四年生枝上的皮孔圆形而细小，茎枝及叶轴有甚多向下弯钩的锐刺，当年生嫩枝的顶部有褐或红锈色甚短的细毛，或密被灰白色短毛。小叶无柄，对光透视可见密生的透明油点，揉之有类似柑橘叶的香气，卵形，倒卵形，椭圆形或倒卵状椭圆形。长 5 ～ 9 cm，宽 2 ～ 4 cm，顶部尾状长尖或急尖而钝头，有时微凹缺，叶缘有细裂齿，侧脉甚多而纤细。花梗甚短，基部有极小的鳞片状苞片，花淡黄白色；萼片长不及 1 mm，边缘被短毛；花瓣长 2.0 ～ 3.5 mm；雄花序为伞房状圆锥花序；雌花序呈聚伞圆锥花序。果橙红或朱红色，直径 8 ～ 10 mm 或稍较大，有 4 ～ 8 条纵向浅沟纹，干后甚明显。种子长 5 ～ 6 mm，厚约 4 mm，种皮褐黑色，有极细小的窝点。花期几乎全年，五岭以南各地多于春季开花，沿长江两岸各地多于夏季开花；果期 12 月至翌年 2 月。

[生境与分布]

生于山林、路旁、灌丛或疏林中。分布于西南地区，陕西、浙江、福建、台湾、湖北、湖南、广东、海南、广西等地。

[资源开发与利用现状]

成熟的果味甜，但果皮含麻辣成分。全株用作草药，多用其根，味苦，性温，

有小毒，具有活血散瘀、祛风除湿、消肿止痛的功效，主治感冒风寒、胃痛、肋间神经痛、风湿骨痛、跌打损伤、咯血等。

◎柑橘属

3.39.2 甜橙 *Citrus sinensis*（L.）Osbeck

[别名]

黄果、橙子、金球、金橙、鹄壳

[形态特征]

乔木，枝少刺或近于无刺。叶通常比柚叶略小，翼叶狭长，明显或仅具痕迹，叶片卵形或卵状椭圆形，很少披针形，长 6 ～ 10 cm，宽 3 ～ 5 cm，或有较大的。花为白色，很少背面带淡紫红色，总状花序有花少数，或兼有腋生单花；花萼 5 ～ 3 浅裂，花瓣长 1.2 ～ 1.5 cm；雄蕊 20 ～ 25 枚；花柱粗壮，柱头增大。果实为圆球形，扁圆形或椭圆形，橙黄至橙红色，果皮难或稍易剥离，瓤囊 9 ～ 12 瓣，果心实或半充实，果肉颜色为淡黄、橙红或紫红色，味甜或稍偏酸；种子少或无，种皮略有肋纹，子叶乳白色，多胚。花期 3 ～ 5 月，果期 10 ～ 12 月。

[生境与分布]

生于喜温暖湿润气候区域，忌积水。分布于秦岭南坡以南各地。

[资源开发与利用现状]

果实含有丰富的维生素 C、维生素 P，能增加机体抵抗力，增加毛细血管的弹性，降低血中胆固醇；含纤维素和果胶物质，可促进肠道蠕动，有利于润肠通便；还含有丰富的橙皮甙、柚皮芸香苷、柚皮苷、柠檬苦素、柠檬酸、苹果酸。果皮含挥发油，含有 70 多种物质，主要为正癸醛、柠檬醛、柠檬烯和辛醇等。果皮油可用于调配多种食品香精，用于加工糕点、含酒精饮料、清凉饮料等。

◎柑橘属

3.39.3 佛手柑（香橼变种）*Citrus medica* L. var.*sarcodactylis* Swingle

[别名]

佛手、佛手香橼、蜜筒柑、蜜罗柑、福寿柑、五指柑

[形态特征]

常绿小乔木或灌木。老枝灰绿色，幼枝略带紫红色，有短而硬的刺。单叶互生；叶柄短，长 3 ～ 6 mm，无翼叶，无关节；叶片革质，长椭圆形或倒卵状长圆形，长 5 ～ 16 cm，宽 2.5 ～ 7.0 cm，先端钝，有时微凹，基部近圆形或楔形，边缘有浅波状钝锯齿。花单生，簇生或为总状花序；花萼杯状，5 浅裂，裂片三角形；花瓣 5，内面白色，外面紫色；雄蕊多数；子房椭圆形，上部窄尖。柑果卵形或长圆形，先端分裂如拳状，或张开似指尖，其裂数代表心皮数，表面橙黄色，粗糙，果肉淡黄色；种子数颗，卵形，先端尖，有时不完全发育。花期 4 ～ 5 月，果期 10 ～ 12 月。

[生境与分布]

生于温暖环境，喜酸性土壤。分布于浙江、广西、安徽、云南、福建等地，其中浙江金华佛手最为著名，雅称"金佛手"。

[资源开发与利用现状]

成熟的"金佛手"颜色金黄，芳香四溢，可消除异味、净化室内空气、抑制细菌。佛手柑挂果时间长，形态惟妙惟肖，应用于观赏及盆景用途较广。全株均可入药，味辛、苦、甘，性温，无毒，可入肝、脾、胃三经。佛手可制成多种中药材，用途较为广泛，具有理气化痰、止呕消胀、舒肝健脾、和胃等多种药用功能，对消化不良、胸腹胀闷有显著的疗效，对老年人的气管炎、哮喘病有明显的缓解作用。

◎柑橘属

3.39.4 金柑 *Citrus japonica* Thunb.

[别名]

金豆、金山橘、金橘

[形态特征]

灌木，树冠小，圆头形，枝条硬，较直立或半直立，野生种具刺，栽培种刺较少。叶片小而厚，多卵圆形，叶形指数 1.5～2.5，叶脉不明显，先端渐尖，基部楔形，翼叶线形。花单生或呈总状花序，花瓣 4～6，多数 5，白色，花丝 18～20 条，基部联合，花柱直立，略低于雄蕊。果实椭圆形或圆形，大小差异大，果皮黄色、橙红或橙黄色，不易剥离，果形指数 0.86～1.24，单果质量 0.26～20.50 g，汁胞小，味酸或甜；种子 2～9，子叶绿色，多为多胚。花期 3～5 月，果期 10～12 月。盆栽的多次开花，农家保留其 7～8 月的花期，至春节前夕果成熟。

[生境与分布]

生于富含腐殖质、疏松肥沃和排水良好的中性土壤。喜温暖湿润，怕涝、喜光，稍耐寒、不耐旱。分布于中国南方各地。

[资源开发与利用现状]

作为鲜食果品和盆景出售；制作的金橘饼和蜂蜜浸渍的蜜饯，具有化痰止咳的功效；在花卉栽培销售中，花农通过控水等系列措施，将果实成熟期控制在春节前夕，以利供应市场。

◎ 柑橘属

3.39.5 黎檬 *Citrus limonia* Osb.

[别名]

宜母、里木子、宜母子、宜濛子、黎朦子、药果、广东柠檬

[形态特征]

小乔木，树冠近圆形，枝条凌乱具硬刺。嫩梢及花显紫色。叶片椭圆形，先端渐尖，叶基楔形，波状缘，叶形指数 1.94 ～ 2.16。花瓣 5，外被紫红色，内面白色，花丝 18 ～ 33 条，花柱粗壮，略高于雄蕊或平齐。果实圆形或椭圆形，较不一致，果面光滑，果皮薄，淡黄至深橙红色，较难剥离，果形指数 0.86 ～ 1.10，单果重 30 ～ 105 g，果肉白色至淡橙黄色，囊瓣 8 ～ 10，中心柱空，味尖酸，略带香气。种子 6 ～ 32，表面光滑，合点紫红色，多胚。花期 4 ～ 5 月，果期 9 ～ 10 月。

[生境与分布]

生于较干燥坡地或河谷两岸坡地。分布于广东西江两岸，广西、贵州、云南等地。

[资源开发与利用现状]

果实味酸，较少鲜食；可代替柠檬使用，或将果实盐渍后作凉果，作为夏季冷饮，可生津解暑；种子实生苗多用作红江橙、贡柑等的砧木，其成苗快，适应性广，耐湿性强，投产早，但若不加强管理易致早衰。

◎柑橘属

3.39.6　香橼 *Citrus medica* L.

[别名]

枸橼、枸橼子、香泡

[形态特征]

不规则分枝的灌木或小乔木。树冠圆头形，开张。枝条较硬，具长刺；嫩梢、芽及花蕾均紫色。叶片椭圆形，先端圆形，叶基近圆形，叶形指数 1.1～2.3，无翼叶；长 6～12 cm，宽 3～6 cm，或有更大，顶部圆或钝，稀短尖，叶缘有浅钝裂齿；总状花序有花达 12 朵，有时兼有腋生单花；花两性，有单性花趋向，则雌蕊退化；花瓣 5 片，长 1.5～2.0 cm；雄蕊 30～50 枚；子房圆筒状，花柱粗长，柱头头状，果椭圆形、近圆形或两端狭的纺锤形，单果重可达 2 000 g，果皮淡黄色，粗糙，甚厚或颇薄，难剥离，内皮白色或略淡黄色，棉质，松软，瓤囊 10～15 瓣，果肉无色，近于透明或淡乳黄色，爽脆，味酸或略甜，有香气；种子小，平滑，子叶乳白色，多或单胚。花期 4～5 月，果期 10～11 月。

[生境与分布]

生于喜温暖湿润气候环境，怕严霜，不耐严寒。以土层深厚、疏松肥沃、富含腐殖质、排水良好的沙质壤上栽培为宜。分布于广东、广西、云南、福建、台湾等地。

[资源开发与利用现状]

果实多尖酸，鲜食甚少。在少数民族地区，房前屋后种植作为绿化树种，果实常在成熟后采摘糖渍成蜜饯。香橼可作中药使用，主要以成熟果实切片干燥后入药，取其理气化痰、和胃宽中之功。在年宵花生产区域，香橼扦插苗也被用作四季橘、金柑等的砧木，嫁接长势快，易控水促花。

◎柑橘属

3.39.7 柚 *Citrus maxima*（Burm.）Merr.

[别名]

酸柚、金柚、酸朴碌、文旦、香栾、朱栾、内紫

[形态特征]

乔木，树冠圆头形，较高大。枝条硬，部分具长或短刺，部分具茸毛。气温较低时抽发嫩梢较深紫色，嫩梢和嫩叶有茸毛。叶片是柑橘属中较大者，为单身复叶，长椭圆形，波状缘，翼叶大，心形，叶形指数 1.60 ～ 2.34，先端渐尖具缺刻。花单生或总状花序，花梗较长，花开张径较大，花瓣白色舌状，多为 4，5 枚，偶有 6 枚，花丝基部联合，20 ～ 34 条。雄蕊略高于柱头或平齐。果实梨形、圆形或近圆形，少数具短颈，果形指数 1.02 ～ 1.22，单果重 700 ～ 2 000 g，果顶平或微凹，果面黄色，较粗糙或光滑，皮较厚，中心柱空或充实，囊瓣 13 ～ 16，囊衣较厚，果肉白色、黄色或红色，味甜或酸，部分可具苦或麻味，可溶性固形物 7% ～ 14%；多数具种子，甚者达 200 粒，种子斧头状，胚白色，单胚（仅葡萄柚为多胚）。花期 3 ～ 4 月，果期 10 ～ 11 月。

[生境与分布]

生于多种土壤特性土地，喜温暖、湿润气候，不耐干旱。分布于浙江、江西、广东、广西、台湾、福建、湖南、湖北、四川、贵州、云南等地。

[资源开发与利用现状]

柚类多以鲜食为主，部分药用。柚类因富含维生素、膳食纤维等多种有益

健康成分，且贮藏期长，而享有"天然水果罐头"之称。目前，柚类栽培区集中在广西容县、福建平及广东梅州三地，多以沙田柚、蜜柚为主。柚多以宽中理气，化痰止咳之用配伍中药，广东化州出产的化州柚即为"化橘红"的原料。

柚类也可作为砧木和园林树种。红肉蜜柚、沙田柚等栽培柚及柠檬的砧木，其主根发达，树势旺，挂果年限久。在园林绿化中，柚树具常绿、花色白、香气浓等特性，而被广泛应用。

◎柑橘属

3.39.8　枳 *Citrus trifoliata* L.

[别名]

枸橘、枳壳

[形态特征]

小乔木。树冠圆头形。枝条较直立，绿色，有纵棱，刺长，刺尖端红褐色。3 出复叶，对称或两侧不对称，叶缘有细钝裂齿。花单生，一般先叶开放，花瓣白色，匙形，雄蕊 20 枚，分离，子房大，柱头高于雄蕊。果实多为圆球形，果形指数 0.89～1.02，果顶微凹，印圈有或无，果皮多数具茸毛，暗黄色，粗糙，细胞小而密，果心充实，囊瓣 6～8，汁胞有短柄，果肉黏，香气微，酸苦带涩味。

种子 5 ～ 23，阔卵形，乳白色，多胚。花期 5 ～ 6 月，果期 10 ～ 11 月。

[生境与分布]

生于微酸性土壤，喜光、湿润环境，较耐寒，但幼苗需采取防寒措施，怕积水；多为半野生，零星分布于原柑橘产区田间地头。分布于在陕西、甘肃、山东、山西、河南、安徽、江苏、浙江、湖北、湖南、江西、广东、广西、贵州和云南等地。

[资源开发与利用现状]

主要用作柑橘砧木。须根多，具有耐瘠薄，抗脚腐病、衰退病及不耐缺铁等特性，常用作砂糖橘、红江橙、贡柑及沙田柚等的砧木，嫁接苗田间栽培时，树冠矮化，品质好，易丰产，唯果实较采用橘、香橙等砧木时小。枝刺多且硬，有时也用于做篱笆围园树种。

◎ 黄皮属

3.39.9 黄皮 *Clausena lansium*（Lour.）Skeels

[别名]

黄批、黄弹、黄弹子、黄段、油皮

[形态特征]

小乔木，树姿较直立，树冠半圆头形或圆头形。奇数羽状复叶，小叶数 5 ～ 13，小叶阔卵形或长椭圆形，波状缘，叶尖急尖或渐尖，叶基阔楔形，叶形指数 2.09 ～ 2.50。聚伞状圆锥花序顶生或腋生，花枝扩展，多花；萼片 5，广卵形，绿色或黄绿色；花瓣5，白色或黄白色，唇形或匙形；雄蕊10枚，长短互间。浆果球形、扁圆形、椭圆形或鸡心形，淡黄色至暗黄色，具油胞，单果质量3.6～11.9 g，果形指数0.95～1.60，果肉蜡白或蜡黄色，多具香气，味酸、甜酸或甜，含可溶性固形物11.4%～21.6%。多具种子，种皮绿色或黄绿色，表面光滑，肾脏形。花期4～5月，果期7～8月。

[生境与分布]

生于喜温暖、湿润、阳光充足的环境，对土壤要求不严，以疏松、肥沃的壤土种植为佳。原产于我国南部，主要分布于广东、广西、贵州南部、云南及四川金沙江河谷、海南、福建、台湾等地。

[资源开发与利用现状]

果实含果胶、膳食纤维、矿物质及有机酸等，营养丰富，是鲜食、加工均佳的果树品种，也可加工成果干、果汁、果脯等；具有生津止渴、消食健胃、行气止痛等功效，含多种生物碱、香豆素及黄酮类物质，在抗炎、保肝、抗脂质过氧化、抗神经细胞凋亡等方面具有应用价值。四季常绿，病虫害较少，在园林绿化中也较常栽植。

◎九里香属

3.39.10 九里香 *Murraya exotica* L.Mant.

[别名]

千里香、七里香、黄金桂、万里香、山黄皮、石辣椒、九秋香、九树香、过山香千只眼、月橘

[形态特征]

小乔木。树冠圆头形或半圆头形，树姿披垂，多群聚而生，多在石灰岩山地分布。当年生枝绿色，老熟后白灰色。复叶小叶多为 7，偶 3.5，小叶倒卵形，两侧常不对称，长约 4.8 cm，宽约 2.4 cm。花白色，多朵聚成伞状，芳香，萼片卵形；花瓣 5 片，长椭圆形，长约 1.4 cm，宽约 0.6 cm，盛花时反折；雄蕊 10，长短不等，比花瓣略短，花丝白色。果色橙黄至朱红，椭圆形，顶部短尖，略歪斜，纵径约 1.1 cm，横径约 0.8 cm，果肉有胶质黏液；种子 2。花期 4 ～ 8 月，果期 9 ～ 12 月。

[生境与分布]

生于温暖湿润环境，对土壤要求不严，宜选用含腐殖质丰富、疏松、肥沃的沙质壤土。分布于云南、贵州、湖南、广东、广西、福建、海南、台湾等地有。华南地区房前屋后等有零星分布或作行道树栽植。

[资源开发与利用现状]

岭南道地药材，具有行气活血、散瘀止痛、解毒消肿的功效；现代医学研究表明，全株所含生物碱类、香豆素类、黄酮类等成分，具有解痉镇静、抗菌消炎等功效。九里香也是园林绿化常用树种。

◎山小橘属

3.39.11 山小橘 *Glycosmis pentaphylla* (Retz.) Correa

[别名]

山柑橘、野沙柑、酒饼木、山橘

[形态特征]

小乔木，高达 5m。叶有小叶 5，有时 3，小叶柄长 2 ～ 10 mm；小叶长圆形，稀卵状椭圆形，长 10 ～ 25 cm，宽 3 ～ 7 cm，顶部钝尖或短渐尖，基部短尖至阔楔形，硬纸质，叶缘有疏离而裂的锯齿状裂齿，中脉在叶面至少下半段明显凹陷呈细沟状，侧脉每边 12 ～ 22 条；花序轴、小叶柄及花萼裂片初时被褐锈色微柔毛。圆锥花序腋生及顶生，位于枝顶部的通常长 10 cm 以上，位于枝下部叶腋抽出的长 2 ～ 5 cm，多花，花蕾圆球形；萼裂片阔卵形，长不及 1 mm；花瓣早落，长 3 ～ 4 mm，白或淡黄色，油点多，花蕾期在背面被锈色微柔毛；雄蕊 10 枚，近等长，花丝上部最宽，顶部突狭尖，向基部逐渐狭窄；子房圆球形或有时阔卵形，花柱极短，柱头稍增粗，子房的油点干后明显突起。果近圆球形，直径 8 ～ 10 mm，果皮多油点，淡红色。花期 7 ～ 10 月，果期翌年 1 ～ 3 月。

[生境与分布]

生于海拔 600 ～ 1200 m 山坡或山沟杂木林。分布于我国广东、广西、海南、云南南部（西双版纳各地）及西南部。

[资源开发与利用现状]

以根、叶和果实入药，具有祛痰止咳、理气消积、散瘀消肿、活血止痛等功效，主治感冒咳嗽、消化不良、食欲不振等。

◎山油柑属

3.39.12　山油柑 *Acronychia pedunculata* （L.）Miq.

[别名]

降真香、石苓舅、砂糖木、山柑

[形态特征]

乔木；树冠高大，伞形。树皮灰色，平滑，内皮黄白，香气似橘皮。单身复叶，对生；叶片椭圆形至长圆形，叶形指数 2.0 ～ 2.6，尖端急尖，基部狭楔形，全缘，纸质，深绿色；叶柄与叶片连接处有关节。状聚伞花序，腋生于枝条上部，花黄白色，两性；萼片 4，基部合生，短于 1 mm；花瓣 4，狭长椭圆形，色白略带青绿，内面被毛；雄蕊 8，排成 2 轮，外轮与花瓣互生，插生于花盘基部四周，花丝线状，中部以下两侧被缘毛；子房密被毛，4 室，花柱棒状，柱头比花柱略粗。果近球形而略有棱角，半透明，黄色，4 室，直径 8 ～ 10 mm，表面平滑，可食，味甜而略苦；种子近球形，通常每室有 1 枚种子，种皮脆壳质，黑褐色，胚乳含油丰富，子叶扁平。花期 4 ～ 8 月，果期 8 ～ 12 月。

[生境与分布]

生于较低丘陵、坡地、杂木林，喜温暖湿润气候，喜深厚、潮湿、肥沃、疏松的沙壤土。分布于福建、广东、海南、广西、云南、台湾等地。

[资源开发与利用现状]

果实可生食，甘凉解渴；根、叶、果、木材可入药，具有化气、活血、祛瘀、消肿、止痛的功效，可治疗支气管炎、感冒、咳嗽、心气痛、疝气痛、跌打肿痛、消化不良等。

常绿阔叶树种，夏季开花，花期长，清香可人；入秋果黄熟，朱实似悬金，可作为城郊园林风景树、水源涵养树、招引鸟类树。

3.40　紫金牛科

◎酸藤子属

3.40.1　白花酸藤果 *Embelia ribes* Burm. F.

[别名]

牛尾藤、小种楠藤、碎米果、水林果、黑头果、枪子果、八地龙、马桂郎

[形态特征]

攀缘灌木或藤本，高 3 ～ 6 m，有时高达 9 m 以上；枝条无毛，老枝有明显的皮孔。叶片坚纸质，倒卵状椭圆形或长圆状椭圆形，顶端钝渐尖，基部楔形或圆形，长 5 ～ 8（10）cm，宽约 3.5 cm，全缘，两面无毛，背面有时被薄粉，腺点不明显，中脉隆起，侧脉不明显；叶柄两侧具狭翅。圆锥花序，顶生，长 5 ～ 15 cm，稀达 30 cm，枝条初时斜出，以后呈辐射展开与主轴垂直，被疏乳头状突起或密被微柔毛；花梗长 1.5 mm 以上；小苞片钻形或三角形，外面被疏微柔毛，里面无毛；花 5 数，稀 4 数，花萼基部连合达萼长的 1/2，萼片三角形，顶端急尖或钝，外面被柔毛，有时被乳头状突起，里面无毛，具腺点；花瓣淡绿色或白色，分离，椭圆形或长圆形，外面被疏微柔毛，边缘和里面被密乳头状突起，具疏腺点；雄蕊在雄花中着生于花瓣中部，与花瓣几等长，花丝较花药长 1 倍，花药卵形或长圆形，背部具腺点，在雌花中较花瓣短；雌蕊在雄花中退化，较花瓣短，柱头不明显的 2 裂，在雌花中与花瓣等长或略短，子房卵珠形，无毛，柱头头状或盾状。果球形或卵形，直径 3 ～ 4 mm，稀达 5 mm，红色或深紫色，无毛，干时具皱纹或隆起的腺点。花期 1 ～ 7 月，果期 5 ～ 12 月。

[生境与分布]

生于海拔 50 ～ 2 000 m 的林内、林缘灌木丛，或路边、坡边灌木丛。分布于贵州、云南、广西、广东和福建等地。

[资源开发与利用现状]

　　根、叶可入药，具有活血调经、清热除湿、消肿解毒等功效；除含一定量的营养成分外，果皮和果肉还含有花青素，作为加工食品的添加色素安全性高，具有一定的开发和利用价值。

参考文献

[1] Chen J, Lyn A C. Taxonomic notes on some myrtaceae of china[J]. Harvard Papers in Botany, 2006, 11 (1): 25-28.

[2] Aravind S M, Wichienchot S, Rong T, et al. Role of dietary polyphenols on gut microbiota, their metabolites and health benefits [J]. Food Research International, 2021, 142:110-189

[3] Navale G R, Dharne M S, Shinde S S. Metabolic engineering and synthetic biology for isoprenoid production in Escherichia coli and Saccharomyces cerevisiae [J]. Applied Microbiology and Biotechnology, 2021, 105 (2): 457-475.

[4] Nesa M L, Karim S M S, Khairunasa A, et al. Screening of Baccaurea ramiflora (Lour.) extracts for cytotoxic, analgesic, anti-inflammatory, neuropharmacological and antidiarrheal activities[J]. BMC Complementary and Alternative Medicine, 2018, 18 (35): 1-9.

[5] Wang D, Liu M, Lyu X. Research progress in glycogen metabolism reprogramming in sepsis associated immune cells [J]. Zhonghua Wei Zhong Bing Ji Jiu Yi Xue, 2019, 31 (9): 116-1169.

[6] Yang Y, Qiu Z, Li L, et al. Structural characterization and antioxidant activities of one neutral polysaccharide and three acid polysaccharides from Ziziphus jujuba cv. Hamidazao: A comparison[J]. Carbohydrate Polymers, 2021, 261: 117879

[7] Zou M, Chen Y L, Sun-Waterhouse D. X, et al. Immunomodulatory acidic polysaccharides from Zizyphus jujuba cv. Huizao: Insights into their chemical characteristics and modes of action[J]. Food Chemistry, 2018, 258: 35-42.

[8] 曹虹霞. 桂木综合开发利用及质量评价初步研究 [D]. 广州: 广州中医药大学, 2015.

[9] 曹利民, 龙春林, 席世丽, 等. 木竹子果实营养成分的测定 [J]. 中国南方果树, 2013, 42 (4): 126.

[10] 曾玉亮, 王华富. 杠板归 [J]. 今日科技, 2012 (3): 46.

[11] 常春雷, 安亚喃, 宋丹丹. 乌饭树栽培技术与应用 [J]. 现代农村科技, 2012 (6):

39.

[12] 陈燕霞，贾栩超，李振伟，等.不同浸渍时间嘉宝果浸泡酒的品质比较 [J]. 现代食品科技，2021，37（3）：194–201.

[13] 戴胜军，于德泉.烈香杜鹃中的三萜类化合物 [J]. 中国天然药物，2005，3（6）：347.

[14] 邓健.越桔亚科植物化学成分研究进展 [J]. 天然产物研究与开发，1990（1）：73–80.

[15] 丁慧，孙晓敏，李超杰，等.赤楠化学成分及药理作用研究概况 [J]. 中国民族民间医药，2018，27（4）：34–36.

[16] 杜英，罗位敏.第三代水果的概念及开发利用价值 [J]. 现代园艺，2006（10）：4–5.

[17] 方春妮.概述南方特种果树爱玉子 [J]. 现代园艺，2012（15）：19–20.

[18] 封若雨，朱新宇，张苗苗.近五年山楂药理作用研究进展 [J]. 中国中医基础医学杂志，2019，（5）：715–718.

[19] 冯义龙.优良的消落带绿化植物：火炭母 [J]. 南方农业（园林花卉版），2009，3（4）：77.

[20] 甘廉生，唐小浪.广东柑橘志 [M]. 广州：广东科技出版社，2013.

[21] 高渐飞，李苇洁，龙世林，等.冷饭团果实营养成分与利用价值研究 [J]. 中国南方果树，2016，45（5）：84–87.

[22] 龚英，聂森，谭雪，等.云南野生番石榴青果中多糖和多酚等活性成分的提取条件研究 [J]. 云南师范大学学报（自然科学版），2022，42（2）：47–55.

[23] 国家中医药管理局中华本草编委会.中华本草：第三册 [M]. 上海：上海科学技术出版社，1999.

[24] 范蕾，杨漾池，余华丽，等.12 种畲药的研究进展 [J]. 中国药师，2016，19（7）：1374–1377.

[25] 韩文沁，张规富.火棘果实的营养成分及黄酮的抗氧化活性研究 [J]. 农业科学，2019，9（6）：399–404.

[26] 韩秀梅，吴亚维，李金强，等.中国野生果树种质资源分布及其开发利用 [J]. 安

徽农业科学，2008，36（31）：13615-13617.

[27] 胡冬梅．桑葚栽培技术要点分析 [J].绿色科技，2017（13）：215-216.

[28] 胡营，唐美琼，冀晓雯，等．广西野牡丹科药用植物资源 [J].时珍国医国药，2017，28（9）：2232-2235.

[29] 黄瑞松．壮药选编：下册 [M].南宁：广西科学技术出版社，2019.

[30] 贾定贤．我国主要果树育种的问题及建议 [J].中国果树，2007（6）：56-57.

[31] 蒋挺，林夏珍，刘国龙．等．波叶红果树种子萌发特性 [J].浙江林学院学报，2009（5）：682-687.

[32] 金晨，张凌，陈佳，等.瓜馥木属植物化学成分及药理作用研究进展 [J].中成药，2020，42（10）：2699-2708.

[33] 黎国运，徐佩玲，陈光群．濒危植物白桂木种子育苗技术研究 [J].热带林业，2010（3）：23-24，16.

[34] 李世华，方存幸．大果榕 [J].云南农业科技，1994（1）：45.

[35] 李英英，王祝年，晏小霞.药用植物薜荔的研究进展[J].现代农业科技，2020（19）：71-75.

[36] 林大都，成金乐，彭丽华，等.蒲桃的研究进展 [J].安徽农业科学，2015，43（10）：76-78.

[37] 刘剑锋，唐忠炳，曾春辉，等.江西南部木本植物新记录 [J].南方林业科学，2019，47（1）：37-39.

[38] 刘孟军，商训生，藤忠才.中国的野生果树种质资源 [J].河北农业学报，1998，21（1）：102-109.

[39] 刘爽，罗颖，王丹，等.山竹果皮中黄酮化合物抑菌特性研究 [J].食品工业，2012，33（12）：124-127.

[40] 刘学贵，李佳骆，高品一，等.药食两用金樱子的研究进展 [J].食品科学，2013，34（11）：392-398.

[41] 刘彦汶，郑仲华.木通的临床应用及其用量探究 [J].长春中医药大学学报，2021，37（6）1216-1219.

[42] 罗迎春，孙庆文.贵州民族常用天然药物（第二卷）[M].贵阳：贵州科技出版社，2013.

[43] 吕文君，刘宏涛，夏伯顺，等.荚蒾属植物资源及其园林应用[J].世界林业研究，2019，32（3）：36-41.

[44] 苗平生.海南省的野生果树种质资源[J].园艺学报，1990（3）：169-176.

[45] 倪晓婷，李兆星，陈晨，等.吴茱萸的化学成分与生物活性研究进展[J].中南药学，2022，20（3）：657-667.

[46] 潘莹，张林丽.大果山楂黄酮提取物对四氯化碳致大鼠慢性肝损伤的保护作用[J].时珍国医国药，2008（2）：318-319.

[47] 彭雪峰.余甘栽培技术及其开发利用[J].中国热带农业，2014（4）：74-76.

[48] 邵伟，唐明，黎姝华，等.珍珠莲果冻加工工艺[J].食品工业科技，2002（8）：104-105.

[49] 苏纯兰，张尚坤，胡秋艳，等.16种野牡丹科植物栽培性状综合评价[J].林业与环境科学，2020，36（2）：94-100.

[50] 滕慧颖，赵瑞，商少璞，等.豆梨的研究现状及应用前景分析[J].安徽农业科学，2020，48（21）：6-9.

[51] 田辉，朱华，罗达龙，等.南方荚蒾的生药学研究[J].华夏医学，2006（6）：1094-1095.

[52] 田亮，王文平，吴国卿，等.野木瓜糯米酒的加工工艺[J].食品研究与开发，2011，32（5）：66-68.

[53] 汪琢，梁鑫，王虹玲.薏米与番石榴复合乳酸发酵饮料的研制[J].包装工程，2021，42（3）：12-18.

[54] 王春梅，谭魁孙，张浪，等.鹊肾树研究综述及其应用前景[J].现代园艺，2018（3）：36-38.

[55] 王发国，陈振明，陈红锋，等.南岭国家级自然保护区植物区系与植被[M]，华中科技大学出版社，2013.

[56] 王海杰，邢诒强，林盛，等.木奶果资源的研究应用[J].现代农业科技，2013

（21）：122-123.

[57] 王佳豪,谢超,张敏,等.拐枣功能作用及开发利用的研究进展[J].安徽农学通报,2020,26（19）：121-123.

[58] 王文旭,覃晓祎,麻秀萍,等.地荼止血作用的谱效关系研究及体外凝血活性初探[J].中药材,2022（1）：130-136.

[59] 王月月,刘艳妮,侯祥文,等.海南野生桃金娘资源现状及利用价值[J].安徽农业科学,2020,48（16）：25-27.

[60] 韦方立,梁云贞,黄秋婵.山黄皮果实中黄酮类物质的抑菌活性研究[J].安徽农业科学,2011,39（26）：15932-15933.

[61] 韦霄,韦记青,蒋运生,等.广西野生果树资源调查研究[J].广西植物,2005（4）：314-320.

[62] 韦晓霞,张艳芳,周丹蓉,等.福建省白栎资源及其开发利用[J].东南园艺,2013,1（2）：55-57.

[63] 吴志敏,李镇魁,冯志坚,等.广东省野生水果植物资源[J].广西植物,1996（4）：308-316.

[64] 伍国明,伍芳华.豆梨发酵果酒工艺研究[J].中国酿造,2012,31（8）：162-165.

[65] 许粟,姚绍炉,刘宇泽,等.响应面优化淀粉型刺梨凝胶软糖配方工艺[J/OL].食品工业科技：1-13[2022-06-28].DOI：10.13386/j.issn1002-0306.2021110372.

[66] 薛娟萍,熊婷.浸泡型桃金娘果酒的工艺研究[J].食品研究与开发,2016,37（7）：89-92.

[67] 杨刚,张永康.地梢瓜的研究进展[J].山东畜牧兽医,2020,41（12）：54-55.

[68] 袁德义,袁军,罗健,等.湖南10个沙梨品种果实形态特征及主要营养成分比较分析[J].江苏农业科学,2010,（1）：177-178.

[69] 张灿,郭依萍,田艾,黄俊杰,明建,李富华.刺梨果渣及其膳食纤维提取物对面条品质的影响[J/OL].食品与发酵工业：1-10[2022-06-28].DOI：10.13995/j.cnki.11-1802/ts.030753.

[70] 张福平. 粤东野生壳斗科果树资源 [J]. 中国野生植物资源，2006（3）：29-31.

[71] 张瑞明，万树青，赵冬香. 黄皮的化学成分及生物活性研究进展 [J]. 天然产物研究与开发，2012（1）：118-123.

[72] 张亚洲，陈应福，陈骏. 构树种子育苗技术 [J]. 农技服务，2017（19）：63，56.

[73] 赵彦华，王田利. 无花果的特性及栽培技术要点 [J]. 果树实用技术与信息，2021（10）：17-19.

[74] 郑毅，金孝锋，木通科植物资源开发利用研究进展 [J]，中国野生植物资源2021，40（10）：83-86，108.

[75] 郅学超，邱光伟，胡展森，等. 基于GC-MS探究6个沙梨品种果实的香气成分 [J]. 园艺与种苗，2021（6）：6-9，62.

[76] 于胜祥. 中国高等植物彩色图鉴 第4卷 被子植物 罂粟科–毒鼠子科 [M]. 北京：科学出版社. 2016.

[77] 中国科学院中国植物志编辑委员会. 中国植物志 [M]. 北京：科学出版社，2004.

[78] 钟平娟，叶丽芳，门戈阳，等. 大果山楂酒发酵过程中抗氧化活性和香气成分分析 [J]. 食品研究与开发，2021，42（8）：24-29.

[79] 周慧敏，吴双利，刘钦，等. 野地瓜饮品开发的可行性初探 [J]. 商场现代化，2020（8）：21-22.

[80] 周开隆，叶荫民. 中国果树志：柑橘卷 [M]. 北京：中国林业出版社，2010.

[81] 周繇. 东北珍稀濒危植物彩色图志 上 [M]. 哈尔滨：东北林业大学出版社，2016.

[82] 朱勇. 中国野生植物资源的保护现状及保护法分析 [J]. 分子植物育种，2022，20（8）：2781-2784.

[83] 邹联新，杨崇仁. 九里香属植物研究进展 [J]. 药学实践杂志，1997，15（4）：214-219.